# 머리말 Preface

의학의 발달과 생활수준의 향상으로 연예인들만 한다는 메디컬 관리가 현재 일반화되고 보편화되면서 병 · 의원에서 피부미용 서비스가 빠른 속도로 시행되어가고 있습니다. 특히 메디컬 관리는 메디컬 스파, 메디컬 필링 테라피, 메디컬 리프트 테라피 등 메디컬 서비스와 코스메틱을 융합한 피부 솔루션 서비스로 더욱 가속화되어가고 있습니다. 이에 따라 메디컬 서비스는 전문 인력의 역할과 중요성이 높아지고 있으며 또한 소비자의 니즈(needs)에 따른 적극적인 서비스가 필요합니다.

이러한 이유로 뷰티 토탈 서비스를 제공하는 메디컬 관련 산업에 종사하는 메디컬 스킨케어 에스테티션은 정확한 피부타입을 식별하고, 전문적인 화장품을 이용하여 피부 치료를 효과적으로 실행하는 프로그램, 서비스 품질을 향상시킬 수 있는 서비스마케팅 전략 등을 갖추어야 합니다. 따라서 메디컬 에스테티션은 메디컬시스템에 맞춰 피부미용 관리법을 체계적으로 학습하며, 빠르게 변화하는 메디컬 환경에 끊임없는 교육이 이루어져야 할 것입니다. 또한 메디컬 서비스의 커뮤니케이션은 단순한 지식 전달만이 아닌 의료진과 고객의 원활한 소통을 돕고 고객에게 최상의 메디컬 서비스을 제공할 수 있는 목적이 되어야 합니다. 고객은 문제 해결에 만족할 수 있는 결과를 기대하고 메디컬 에스테티션은 내원하는 고객의 기대를 충족하기 위해 뛰어난 커뮤니케이션 능력을 갖추고 있어야 합니다.

따라서 본 책은 **1부 메디컬 스킨케어**와 **2부 메디컬 서비스**로 구성하였습니다.

**1부 메디컬 스킨케어**에서는 메디컬의 외 · 내복약을 비롯하여 외과적 치료부터 미용관련의 이해와 레이저, 피부미용기기, 탈모, 비만까지 메디컬에 종사는 에스테티션의 이해를 돕고자 하였습니다.

**2부 메디컬 서비스**는 메디컬코디네이터의 이해, 메디컬코디네이터의 고객 응대 방법, 병원 마케팅 관리, 병원 내 이미지 메이킹으로 전반적인 내용을 다루었습니다.

전문적인 내용으로 보다 효과적으로 실무에서 적용하기 유용한 교재로 피부미용 및 메디컬 서비스 산업에 종사하거나 이제 막 그 꿈을 펼치려는 분들에게 꼭 필요한 지침서가 되기를 소망합니다.

끝으로 본서의 출간을 위해 애써주신 도서출판 구민사 조규백 사장님과 마무리 될 때까지 많은 배려를 아끼지 않으신 나영균 전무님, 편집에 애써주신 관계자 여러분들께 깊은 감사의 말씀을 전합니다.

**2022년 3월 저자 일동**

# 목차 Contents

## PART 01
## 메디컬 스킨케어 이론과 실무

# MEDICAL SKINCARE & MEDICAL SERVICE

## 메디컬 스킨케어 & 메디컬 서비스

구민사

저자 | **장혜진** 대경대학교 뷰티메디컬스킨케어과 전임교수

**손소희** 와이제이트레이딩(코스메틱)대표
대경대학교 뷰티메디컬스킨케어과 겸임교수

**함수진** 건국대학교 일반대학원 화장품공학과 박사과정
에이알컴퍼니(병원MSO) 해외사업부 팀장

# 메디컬 스킨케어 & 메디컬 서비스

Medical Skincare & Medical Service

**초판 인쇄** | 2022년 3월 15일
**초판 발행** | 2022년 3월 25일
**초판 2쇄 발행** | 2024년 2월 28일

**지 은 이** | 장혜진 · 손소희 · 함수진
**발 행 인** | 조규백
**발 행 처** | 도서출판 **구민사**
(07299) 서울시 영등포구 문래북로 116, 604호(트리플렉스 604호)
**전 화** | (02)701-7421(~2)
**팩 스** | (02)3273-9642
**홈페이지** | www.kuhminsa.co.kr

**신고번호** | 제 2012-000055호(1980년 2월4일)
**ISBN** | 979-11-6875-045-6(93590)

값 26,000원

## CHAPTER 6 미용시술(쁘띠미용)과 메디컬 관리



## CHAPTER 7 메디컬 치료 장비의 종류와 특성



## CHAPTER 8 코스메슈티컬 화장품 및 약물



## CHAPTER 9 메디컬 스킨케어 상담실무

# 목차 Contents

## PART 02
## 메디컬 코디네이터 이론과 실무

### CHAPTER 1 메디컬 코디네이터의 이해



### CHAPTER 2 메디컬 코디네이터의 고객응대 방법



### CHAPTER 3 병원 마케팅 관리

## CHAPTER 4 병원 내 이미지 메이킹

# Medical Skincare
# &
# Medical Service

# PART 01

# 메디컬 스킨케어 이론과 실무

CHAPTER

# 01 메디컬 시장의 변화에 따른 메디컬 서비스 상담과 메디컬 스킨케어의 탄생

## 1. 메디컬 환경과 고객의 변화

과거의 메디컬 환경은 환자의 질환 치료를 의사가 진단하고 치료하는 데 중점을 두고 있었다면, 오늘날의 메디컬 환경은 전문의의 상담, 전문의의 시술과 병합되는 메디컬 스킨케어의 뷰티관리의 개념인 화장품을 이용한 치료 후 사후관리까지를 말한다. 이러한 의료 체재의 변화는 병원을 방문하는 고객 또한 달라지고 있다.

고객의 생활 수준과 의학적 지식수준이 높아지고 SNS의 발달로 다양한 정보로 인한 피부 건강과 아름다움을 동시에 추구하는 사람들이 많아지고 있기 때문이다.

의료, 헬스 케어 등 폭발적인 성장으로 고객의 기대와 요구 사항이 구체적이고 세분화되고 있다. 또한, 고객은 병원에 대한 인식의 변화로 의료 체재가 좀 더 세분화되고 전문성을 갖추길 원하고 있다.
이러한 시대의 흐름에 맞춰 병원은 고객의 다양한 욕구 충족을 위해 환자의 치료 결정에 있어 환자의 참여도를 높이고 환자의 의견과 경험 등을 받아들여 고객의 욕구 충족에 대한 문제 요인 파악으로 대응하고 있다. 또한, 병원 간의 경쟁이 심화되면서 고객 중심의 의료서비스가 대두되고 있다.

## 2. 메디컬 서비스 상담의 필요성

먼저 메디컬 서비스는 환자가 병원 방문에 있어 환자의 두려움을 덜어주는 역할을 수행하는 데 최선을 다하여야 한다. 환자를 편안하고 친절한 최상의 서비스를 제공하여 신뢰 관계를 형성하여 정확한 진단과 치료가 요구된다. 고객의 의사결정을 돕기 위해서는 고객의 심리적인 걱정과, 근심을 없애고 신뢰 관계를 형성하여 치료 및 시술의 만족도와 효과를 높여 최상의 의료 서비스를 경험할 수 있도록 하여야 한다. 따라서 고객의 성향, 의사 표현, 욕구 등을 상세히 파악하며 고객의 개별적인 차별화된 서비스를 제공해야 한다. 이에 결과적으로 이러한 메디컬 서비스 상담은 고객의 증상과 질환에 따른 피부 상태를 점검하고 개인의 목적에 맞게 스킨케어 상담을 통해 고객의 의사 결정으로 이루어지는 것이다.

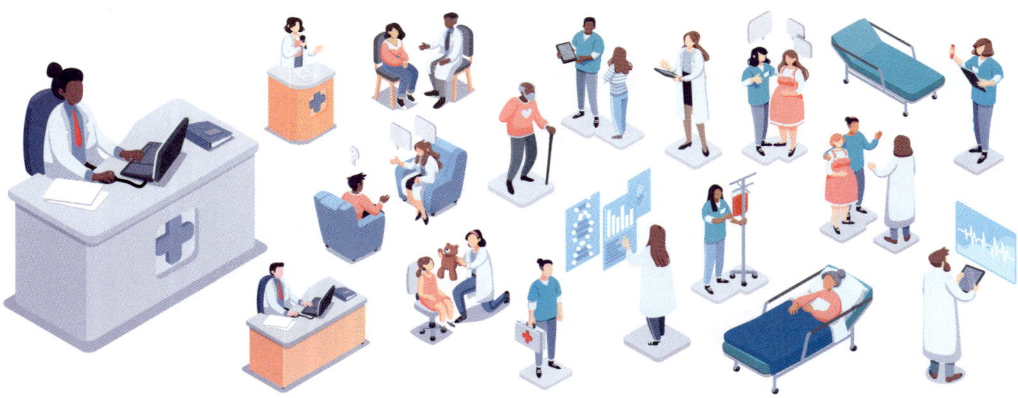

## 3. 메디컬 스킨케어의 역사

메디컬 스킨케어는 의사의 시술과 병합되는 치료를 위한 피부관리의 개념으로, 전문의의 정확한 진단으로 내 · 외적인 약물 처방, 의료기기 치료와 에스테티션의 피부관리, 전문적인 화장품을 이용한 피부치료의 사후 관리를 말한다.

국내 메디컬 성형의 첫 도입은 약 50년 전에 자리 잡았으나 메디컬 스킨케어는 2000년 초반 전후로 '피부처치실'이라는 이름으로 피부과에서 병행 운영하기 시작하였고, 2000년 중반 쯤에는 대다수의 피부과 병원에서 메디컬 스킨케어를 실시하게 되었다. 또한 의료 서비스에 대한 고객의 관심 증가로 인해 피부과뿐만 아니라 성형외과, 한의원 등 메디컬 스킨케어의 활용이 증가하고 있다.

## 4. 메디컬 스킨케어의 업무영역

메디컬 스킨케어는 의료기관에서 상담실장, 코디네이터 등 전문적이고 섬세한 상담을 할 수 있는 자가 상담을 진행하고 피부과 전문의, 성형외과 전문의는 개개인에 맞는 트리트먼트를 선택하여 내 · 외과용 약을 처방 또는 의료기기와 Cosmeceutical 화장품을 이용하여 치료 및 관리한다. 피부의 만성질환인 여드름, 모공과 여드름 흉터 피부, 색소 피부, 노화피부 등에 약의 사용과 더불어 Cosmeceutical 화장품을 접목하여 장기적으로 피부를 건강하게 해주면서 질환의 치료 효과를 높이는 역할을 한다. 이러한 질환의 치료 효과를 높이기 위해서 각종 시술 후 처치 관리의 역할이 매우 중요하다. 후 처리 관리를 담당하고 있는 메디컬 스킨케어의 역할은 매우 중요하여 피부미용을 전공한 전공자에 의해 수행되고 있다. 성형외과는 피부 시술 및 성형 전 · 후의 관리와 즉각적인 알레르기 반응에 대처하는 관리 기법, 피부 시술 및 성형으로 발생하는 피부 문제점의 모든 관리를 포함한다. 미용치료를 마친 후에 치료 효과를 극대화하고 유지하기 위하여 메디컬 스킨케어는 전문적인 프로그램으로 상담 및 제안을 하는 역할을 한다.

이러한 메디컬 스킨케어 역할은 메디컬 스킨케어 프로그램의 피부 타입별 기본 프로그램, 시술 전 프로그램과 시술 중 프로그램, 시술 후 프로그램으로 분류할 수 있다. 이 모든 프로그램에서 효과와 아주 밀접한 관계가 있는 홈 케어 스킨케어에 대한 교육과 조언을 할 수 있으며, 시술 후 자가 관리를 할 때 적절한 화장품의 선택, 사용법과 관리 방법에 대해 설명과 세안방법, 주의사항과 그밖에 자외선 차단 방법에 대한 조언도 할 수 있다.

피부과적 치료나 시술 전 처치가 필요해서 이를 시행하게 되는 경우, 피부관리사는 환자의 피부를 시술하기 좋은 상태로 관리해 줄 수 있으며, 시술 전에 복용하거나 도포해야 하는 약에 대해서도 교육과 점검을 할 수 있다. 이로써 시술 후 메디컬 스킨케어를 받기 위해 환자들은 정기적으로 병원을 방문하게 되며, 이는 치료 후 결과에 대한 환자들의 불안감을 감소시켜 주고 효과를 증대시키며, 병원에 대한 신뢰도를 증가시킨다.

메디컬 스킨케어 시 사용되는 기기에 대한 기초 이론과 응용방법에 대하여 숙지하여야 하며, 메디컬 스킨케어와 관련된 피부질환과 처방에 따른 복용제와 도포제, 그리고 미용치료 시 사용되는 의료기기에 대해서도 이해와 습득이 필요하다. 또한 환자에 대한 상담 및 조언과 교육 그리고 점검을 하기 위해 피부 분석을 통한 피부 타입의 전문적인 식별과 피부생리에 대한 지식 및 습득이 필요하다.

메디컬 스파, 메디컬 필링 테라피, 메디컬 리프트 lift : 위로 올림 테라피, 메디컬 인시션 incision : 절개 테라피, 메디컬 인젝션 injection : 주입 테라피, 메디컬 인설션 insertion : 보형물 삽입 테라피, 메디컬 인헤레이션 inhalation : 흡입 테라피, 메디컬 머슬 muscle : 근육 케어 등 메디컬 스킨케어의 업무영역은 확대 · 발전되고 있다.

## 평 가

1. 메디컬 스킨케어의 직업적 영역의 정의와 업무영역을 설명하시오.

## 해답 & Tip

**1** 메디컬 스킨케어는 의사의 시술과 병합되는 치료를 위한 피부관리의 개념으로, 전문의의 정확한 진단으로 내·외적인 약물 처방, 의료기기 치료와 에스테티션의 피부관리, 전문적인 화장품을 이용한 피부 치료의 사후 관리를 말한다.

피부 시술 및 성형 전·후의 관리와 즉각적인 알러지 반응에 대처하는 관리 기법, 피부 시술 및 성형으로 발생하는 피부 문제점의 모든 관리를 포함한다. 메디컬 스파, 메디컬 필링 테라피, 메디컬 리프트 lift : 위로 올림 테라피, 메디컬 인시션 incision : 절개 테라피, 메디컬 인젝션 injection : 주입 테라피, 메디컬 인셜션 insertion : 보형물 삽입 테라피, 메디컬 인헤레이션 inhalation : 흡입 테라피, 메디컬 머슬 muscle : 근육 케어 등 메디컬 스킨케어의 업무영역은 확대·발전되고 있다.

CHAPTER

# 02 피부과학의 기초

## 1. 피부의 구조와 생리

### 1) 피부의 정의

피부는 인체의 표면 전체를 덮고 있는 조직으로 외부의 자극으로부터 신체를 보호해주는 중요한 기관이며, 성인의 경우 총 면적이 약 1.5~2m$^2$, 중량은 체중의 약 16%를 차지하는 인체에서 가장 큰 장기이다. 피부는 외부로부터 표피, 진피 및 피하지방층의 세 개의 층으로 구성되어 있으며, 부속기관으로는 털, 땀샘, 피지샘, 혈관 그리고 손·발톱 등이 있다. 피부는 체온 조절과 외부 환경에 대한 장벽으로 기능 등 다양한 생리적 기능을 수행하여 내부 장기를 보호·조절하는 역할을 한다. 인체의 기관 가운데 가장 여러 가지 기능을 갖고 있는 피부는 그 기능들이 제 역할을 할 때 건강하고 아름다운 피부를 유지할 수 있다.

**피부의 역할**

- 체내의 모든 기관을 외부로부터 보호
- 미생물과 물리 및 화학적 자극으로부터 생체를 보호
- 수분 증발과 투과를 막아 피부장벽의 수분을 조절
- 체온을 일정하게 유지·조절
- 감각기로서 촉각, 온각, 냉각, 통각, 압각의 지각작용
- 호흡작용
- 재생능력

## 2) 피부의 기능

### (1) 보호작용

#### ① 기계적 자극으로부터 보호

심장, 위, 폐, 간, 신장 등 우리 몸의 장기는 매우 섬세하고 예민하여 외부의 충격과 자극이 그대로 가해지면 장기의 손상과 생명의 위협을 받을 수 있으며, 피부는 인체 내부에 미치는 충격을 완화시켜 인체 내부를 보호한다. 피부는 외부로부터의 자극, 압박이 가해지더라도 결합 섬유, 피하 지방, 혈액, 림프관 등에 의해 쿠션 역할을 한다.

#### ② 화학적 자극으로부터 보호

피부 표면의 각질층과 피지 막은 화학적 요인에 저항성을 기지고 있다. 각질의 분자는 변성 물질들과 강알칼리성 물질에서만 분리될 수 있다. 이러한 피부는 화학적 자극에 대해 본래의 피부 pH 균형을 잡을 수 있는 중화 능력이 있어 피지막과 각질층, 과립층이 화학 물질, 물, 오일, 산, 알칼리 등의 침투를 막는다.

#### ③ 광선으로부터 보호

피부가 자외선 광선 에 노출되면 자연적인 피부보호 작용으로, 각질층에서 자외선을 흡수하여 각질층이 비대해진다. 투명층에서는 자외선을 일부 분산시켜 유해한 자외선을 방어하는데 기저층까지 흡수된 자외선은 기저층에서 멜라닌생성 세포를 자극하여 멜라닌 색소를 형성함으로써 광선이 진피까지 흡수되는 것을 방어한다. 즉 자외선에 피부가 노출될 경우 멜라닌 색소가 자외선을 흡수함으로써 피부를 보호하며 각질층이 자외선을 굴절 또는 반사시킨다. 또한 열과 광선에 의해 높아진 체온은 땀의 분비에 의해서 내려가며 신체에 적절하게 조절된다.

④ 미생물로부터 보호

피지막이 약산성을 유지함으로써 피부 표면 세균의 번식과 병원균의 침입을 억제한다.

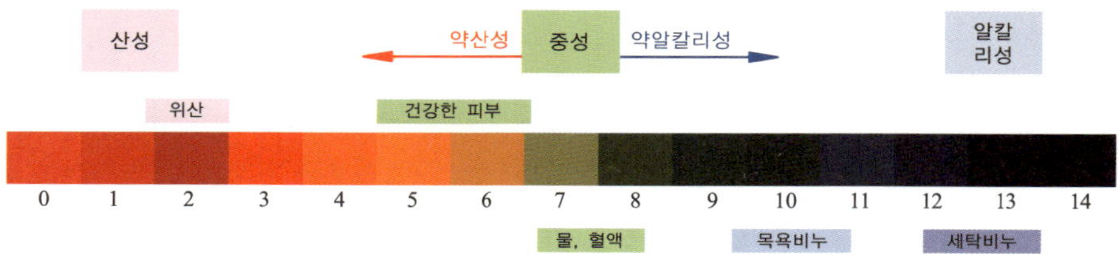


## (2) 분비 및 배설작용

① 피지선에서 피지를 분비

② 땀샘에서 땀을 외부로 배설

③ 체내의 노폐물을 배설

## (3) 중화작용

피지는 약산성으로 표피의 알칼리를 중화한다.

## (4) 체온조절작용

진피에 있는 모든 혈관은 외부 온도에 따른 체온을 조절하고 일정하게 유지하기 위해 수축 또는 확장, 발한을 반복한다. 각질층과 피하조직은 열의 부도체 역할을 하며 외부와 체내 사이에서 열이 전해지는 것을 막는다. 일정한 체온을 유지하기 위해 항온 동물은 체열 생산과 체열 발산이 각각 조절되어 균형을 유지할 수 있도록 조절 기구가 정비되어 있다.

① 체열 생산

체내의 물질 대사, 특히 골격근의 긴장과 수축을 증감함으로써 조절이 되기 때문에 화학적 조절이라고도 한다.

#### ② 체열 발산

피부에 있어서의 전도 傳導 와 복사 輻射, 주로 피부의 혈관 반사에 의해 이루어짐 및 피부의 수분 증발 주로 발한 에 의해 조절되므로 물리적 조절이라 부른다.

### (5) 흡수작용

피부는 특정한 물질을 선택적으로 흡수한다. 피부의 한선이나 피지선을 통해 흡수되거나 표피의 각질층을 통해 흡수된다. 각질층을 통한 흡수는 투명층에 있는 방어막에 의해 방해를 받으며, 피지에 녹은 물질은 모낭을 통해 진피나 혈관 안에 흡수될 수 있다.

### (6) 호흡작용

인체 외부로부터 산소를 받아들이고 인체에 축적된 이산화탄소를 배출하는 피부호흡은 폐호흡의 약 1%에 해당되는 양의 가스교환을 한다. 피부호흡은 피부 내의 신진대사 결과에 의해 생기는 $CO_2$를 피부 밖으로 보내고 신선한 산소를 흡수하는 것을 의미한다.

### (7) 표현작용

피부의 모세혈관, 신경, 기모근 등으로 인해 안면에 있는 여러 표정근은 감정과 정신상태의 표정을 나타낸다. 안면에 있는 피부는 인종, 성별, 개인의 구별 등을 나타내고 안면 근육의 기능이나 눈, 입술 등의 움직임으로 희(喜), 노(怒), 애(哀), 락(樂)을 표현하게 된다.

### (8) 지각작용

피부에는 여러 가지 감각을 느끼는 감각점이 있어 자극을 받아들이는 역할도 한다. 감각점에는 따뜻함을 느끼는 온점, 차가움을 느끼는 냉점, 누르는 힘을 느끼는 압점, 아픔을 느끼는 통점 등이 있다. 사람의 피부에 있는 감각점의 수는 통점이 가장 많고, 압점, 냉점, 온점의 순으로 많이 분포한다. 물체가 피부에 닿으면 피부의 각 감각점에서 이를 자극으로 받아들이고, 이 자극은 피부 감각 신경을 통해 대뇌로 전달되어 피부 감각을 느끼게 된다.

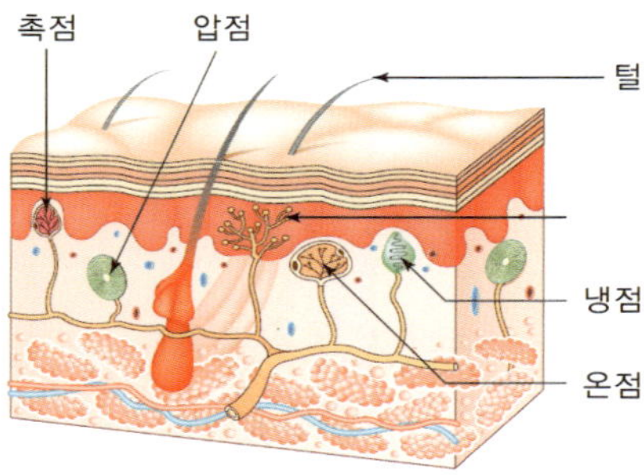


① 감각점의 종류와 기능

㉠ 촉점 : 피부 표면 가까이에 많이 분포하며, 약한 접촉 자극도 매우 민감하게 감지한다.

㉡ 압점 : 피부 깊숙이 자리 잡고 있으며, 압력을 감지한다.

㉢ 통점 : 열, 강한 압력, 화학 물질 등을 감지한다.

㉣ 온점 : 온점은 온도가 높아지는 변화를 감지한다. 즉, 피부의 상대적인 온도 변화를 감지한다.

㉤ 냉점 : 냉점은 온도가 낮아지는 변화를 감지한다. 즉, 피부의 상대적인 온도 변화를 감지한다.

② 감각점의 수

통점 〉 압점 〉 촉점 〉 냉점 〉 온점

### 3) 피부의 구조

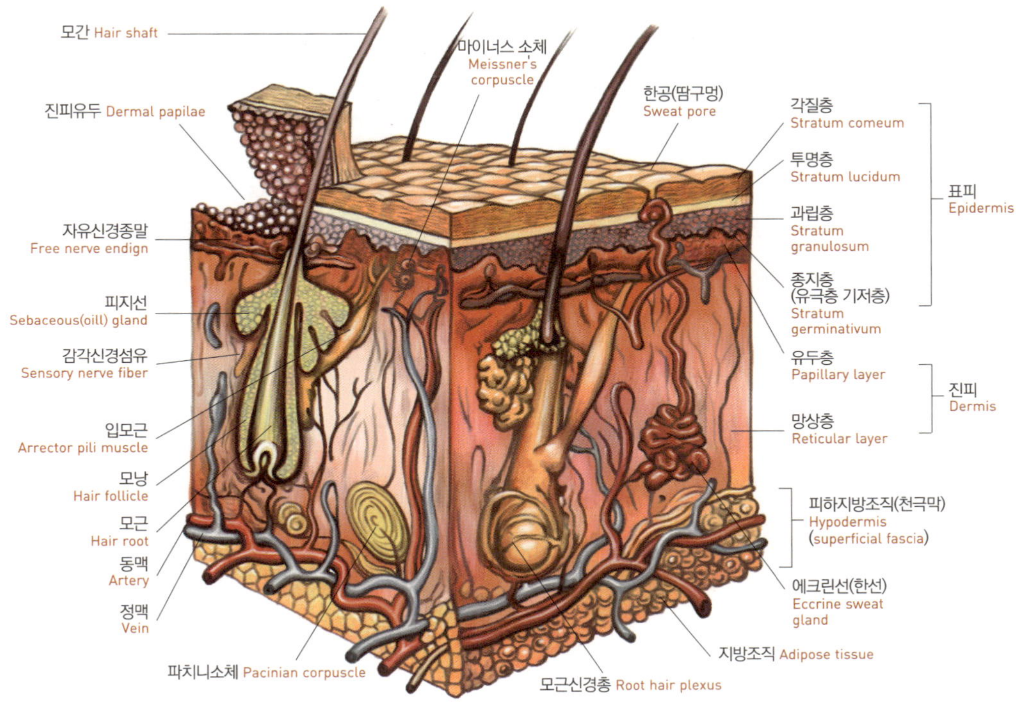


#### (1) 표피 epidermis

표피의 두께는 대략 0.1~0.2mm이며, 피부의 가장 바깥층으로 무핵층과 유핵층으로 구분된다. 피부의 바깥쪽으로부터 각질층, 투명층, 과립층, 유극층, 기저층으로 구분하는 표피는 사람에 따라 두께가 다르며 신체의 부위에 따라 두께의 차이 또한 다르다. 이러한 표피는 손바닥, 발바닥은 5층으로 구분하고 그 외의 피부는 4층으로 구분된다. 표피조직은 신경말단이나 혈관을 포함하지 않으며, 확산작용에 의해 물질교환이 이루어진다. 표피는 95%의 각질형성세포 keratinocyte 로 이루어져 있으며, 5% 멜라닌세포 melanocyte, 랑게르한스세포 langerhanscell, 머켈세포 merke cell 등으로 구성되어 있다.

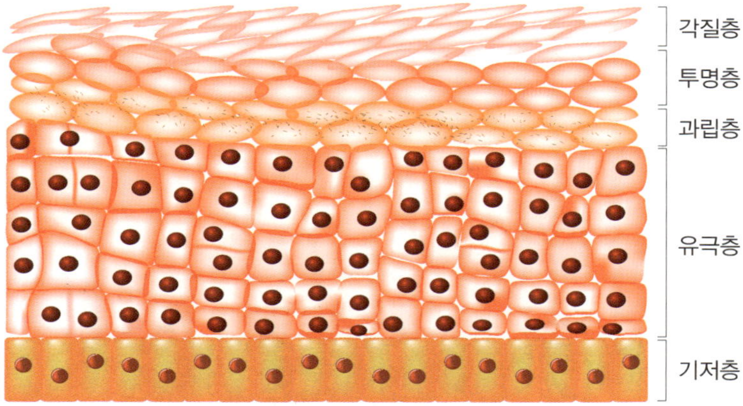


① **각질층** stratum corneum

㉠ 정의 : 표피의 가장 위층으로 편평하고 핵이 없는 다수의 죽은 각질세포들이 20~30개의 세포층으로 각화되어 있는 조직이다. 핵이 없는 무핵 세포이다. 각질세포들이 서로 겹쳐져 있는 층으로 우리 몸을 보호하는 장벽 역할을 한다.

㉡ 역할

ⓐ 물리적 장벽의 가장 중요한 역할인 수분 증발과 투과를 막아 인체의 항상성을 유지한다.

ⓑ 세균, 곰팡이, 알레르기 유발 항원 외 각종 이물질의 침입과 같은 외부환경으로부터 피부를 보호한다.

㉢ 구조 : 각질층의 구조는 마치 벽돌담과 같다. 각질세포가 벽돌처럼 쌓여있고 각질세포간지질이 벽돌 사이를 메우고 있는 회반죽 Mortar 의 구조이다.

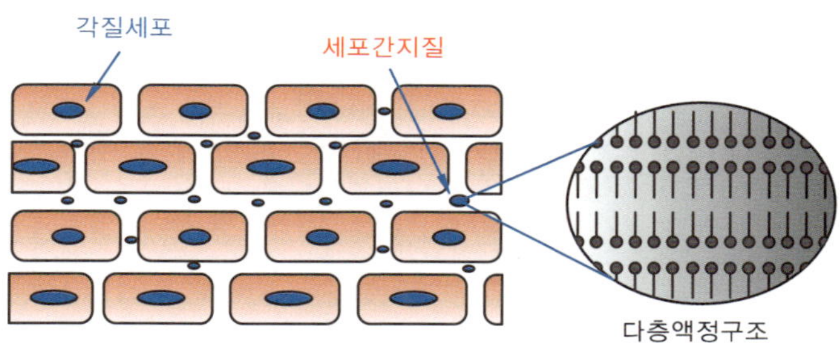


각질층의 확대도

㉣ 구성성분 : 단백질이 풍부한 각질세포는 지질이 많은 세포간 지질에 묻혀있어 "bricks–' –mortar"의 형태를 보인다. 각질세포의 주성분은 58%의 각질형성세포 keratinocyte 와 31%의 천연보습인자 NMF Natural Moisturizing Factor, 11%의 각질세포간지질 Intercellular lipid lamellae 로 이루어져 있다.

ⓐ 각질형성세포 : 표피를 구성하는 가장 중요한 세포로 표피세포의 90% 이상을 차지하며 각질 케라틴 단백질 을 만드는 역할을 하므로 각질형성세포라 한다. 각질형성세포의 생성과 탈락의 속도를 일정하게 유지하며, 기저층에서 형성되어 세포분열을 통해 새로운 세포를 만들어 내고 생성된 세포는 시간이 지남에 따라 표피의 위층으로 점차적으로 이동하면서 세포의 모양은 점점 수축되고 편평하게 변한다. 즉, 각질형성세포는 기저층 → 유극층 → 과립층 → 투명층 → 각질층으로의 이동과정을 거쳐 각질층의 최외각층에서 죽은 세포가 되어 피부표면에서 탈락하게 된다. 이러한 과정을 각화과정 keratinization 이라고 하며 대개 4주의 세포교체주기를 갖는다.

각질은 섬유성 구조단백의 일종으로 피부, 모발, 손톱의 상피세포를 구성하는 주요한 구조 물질이며, 외부의 유해한 인자들로부터 보호 및 수분 손실을 막는 물리적 장벽 역할도 한다. 또한 각질의 가장 주요한 기능은 외상에 견딜 세포의 능력을 향상시키는 것이며, 면역반응과 염증반응을 조절하는 면역반응조절 세포로서 각질형성세포는 많은 피부질환의 발병 기전에 중요한 역할을 담당한다. 이외에도 세포 신호 전달, 세포 증식 조절 등의 기능을 담당하고 있다.

ⓑ 천연보습인자 : 천연보습인자란 인간이 본래 가지고 있는 피부 보습성분을 말하며, 각질층, 각질세포 안에 있는 수분을 흡수하고 유지하는 물질로서, 구성성분은 아미노산류, 젖산, 요소, 구연산염 등이다. 주성분인 아미노산류의 활발한 삼투작용을 통해 천연보습인자는 수분과 적극적으로 결합하고, 흡수하여 적당량을 유지할 수 있게 된다.

천연보습인자의 수분 함량이 10% 이하가 되면 피부가 건조함을 느끼게 되는데, 내부적요인 노화 이나 외부적요인 환경 에 의해 NMF가 부족해지면 어린선, 건선, 약건성 피부가 악화되는 것을 볼 수 있으며 노화의 징후인 주름이 쉽게 만들어진다. 또한 세정제의 반복적인 사용이나 기능성 화장품의 오남용 등으로 천연보습인자는 감소할 수 있다.

ⓒ 각질세포간지질 : 각질세포간지질은 라멜라 구조라 불리는 여러 층의 지질막 형태를 나타내고 있으며, 50%의 세라마이드 Ceramide, 15%의 콜레스테롤 Cholesterol, 30%의 유리지방산 Free fatty acid 등으로 구성되어 있다. 이 구성성분들이 일정량을 유지하고 있어야 수분을 함유하고 피부를 보호하는데 도움이 된다. 특히 세라마이드 성분이 각질세포간지질의 기능에 중요한 역할을 한다.

세포간 지질은 수분을 함유한 층상 구조의 액정겔을 만들어 피부내부의 수분이 외부로 증발되는 것을 막아주고, 손상된 피부 장벽을 복구하며, 피부 보호막의 기능을 한다. 또 각질 세포간의 접착 역할을 하여 정상적인 각질 이외에 각질이 떨어져 나가는 것을 막아주어 매끄러운 피부를 유지시켜준다. 이 기능들은 유전적, 환경적, 계절적, 연령 등에 따라 달라질 수 있다.

### ② 투명층 Stratum lucidum

생명력이 없는 투명한 세포층으로 주로 피부가 두꺼운 손과 발바닥에 존재하는 층이다. 각질층 바로 밑에서 수분을 흡수하며, 외부로부터의 직접적인 손상을 방어한다.

### ③ 과립층 Stratum granulosum

㉠ 정의 : 과립층은 각질층과 유극층 사이에 있는 세포층으로 무핵세포와 유핵세포가 공존하는 층이다. 세포파괴 과정에서 케라토하이알린이라는 과립이 축적되어 과립층이라고 한다. 각질형성세포가 2~5개 층으로 쌓여있는데, 핵이 파괴된 표피세포가 수분이 감소하며 얇아지기 때문에 두께는 가시층보다 얇다. 각화효소가 함유되어 있어 각화가 시작되며. 피부의 중요한 방어대의 역할을 한다

㉡ 역할

ⓐ 수분 손실을 막는 인지질을 방출하여 수분이 각질층으로 빠져나가는 것을 막고, 외부로부터 이물질이 침투되는 것을 막는 수분 증발 저지막 역할을 한다.

ⓑ 멜라닌형성 세포가 모여 피부에 해로운 자외선을 차단한다.

**케라토하이알린 과립** Keratohyalin granules, 각질유리과립

세포가 죽기 전에 단백질로 구성된 케라토하이알린 과립을 만든다. 이것은 빛을 굴절시켜 피부를 맑고 투명하게 보이게 한다.

### ④ 유극층

㉠ 정의 : 표피의 가장 두꺼운 세포층으로 5~10층의 케라티노사이트로 이루어져 있다. 피부가 건강한 사람일수록 두껍고 피부 노화가 진행될수록 얇아진다. 세포들이 가시모양으로 서로 연결되어 있어 가시층이라고도 부른다.

㉡ 역할

ⓐ 핵이 살아있는 세포로 세포분열이 가능하며 세포를 재생한다.

ⓑ 세포와 세포 사이를 이어주는 역할을 하여 유극층 세포 간의 결합을 단단하게 하는 단백질인 교소체 Desmosome, 결합체 가 존재한다.

ⓒ 림프액이 순환하고 있어 노폐물의 배출과 피부세포에 영양분을 공급한다.

ⓓ 랑게르한스 세포가 존재하여 면역기능에 관여한다.

**랑게르한스세포** Langerhans cell

외부의 이물질인 항원이 피부에 침투하면 즉시 반응하여 면역담당세포인 T세포 T-lymphocyte 를 생산하여 방어를 담당한다. 표피세포의 2~8%를 차지하는 별 모양의 많은 돌기를 가진 세포질 돌기를 가진 수지상 세포이며, 대부분 유극층에 흩어져 있다. 구강 및 생식기 점막의 상피와 림프절, 피지선, 한선, 유선, 모낭 세포에도 존재한다.

자신의 피부와 맞지 않는 화장품이나 금속성분이 피부에 닿아 표피 내로 흡수되면 랑게르한스 세포가 관여하여 알레르기 반응을 일으키게 된다.

### ⑤ 기저층

㉠ 정의 : 표피의 가장 아래에 존재하며 기저막을 사이에 두고 진피와 경계하며 진피의 유두층과 접촉하고 있는 세포층이다. 단층으로 이루어져 있으며 살아 있는 유핵세포이다. 머켈세포 merke cell, 각질형성세포 Keratinocyte 와 멜라닌 세포 melanocyte가 존재한다.

㉡ 역할

ⓐ 혈액에 의한 영양공급으로 세포의 분열이 활발하게 이루어진다. 기저층에서 각질층까지의 세포의 상승 주기는 28일이다. 하지만 2~3일의 오차는 있다. 세포분열은 밤 10시부터 새벽 2시 사이에 활발하게 일어난다. 세포분열을 통해 새로운 각질세포를 만들고 증식하는 세포형성의 층이다.

ⓑ 피부의 색소인 멜라닌을 만드는 멜라노사이트가 기저층 사이에 존재하며, 멜라닌 색소들의 매개로 자외선으로부터 피부를 보호한다.

ⓒ 기저층이 상처를 입으면 세포재생이 어려워 흉터가 남게 된다.

### 멜라닌 세포 Melanocyte

피부색을 결정하는 중요한 역할을 하는 멜라닌 세포는 대부분 표피의 기저층에 존재한다. 멜라닌 세포에서 만들어진 멜라닌은 세포 돌기를 통하여 각질형성세포로 전달되며, 긴 수지상 돌기를 가진 가늘고 길쭉한 형태를 하고 있다.

멜라닌 세포의 주요기능은 자외선을 흡수하거나 산란시켜 피부에 해가 되는 자외선으로부터 피부를 보호한다. 멜라닌세포 색소의 생성조절이나 피부의 침착정도는 유전적, 환경적, 호르몬성 등의 요인에 의하여 결정되며, 종족에 따라 피부색이 다른 것은 멜라닌 색소의 활성도, 즉 생성되는 멜라닌 색소의 양과 생성속도 및 분포상태가 다르기 때문이다.

### 멜라닌 생성과정과 색소침착

- 태양광선에 노출되면 피부를 보호하기 위해 멜라노사이트가 멜라닌을 생성한다.
- 생성된 멜라닌은 멜라노사이트를 케라티노사이트로 이동시킨다.
- 멜라닌을 포함한 케라티노사이트는 세포분열을 계속하며 피부표면으로 이동한다.
- 색소침착이 형성된다.

### 머켈 세포 Merkel cell, 촉각세포

신경섬유의 말단과 연결되어 촉각을 감지하는 세포로 작용하기 때문에 촉각세포라고도 한다. 표피에 광범위하게 퍼져 있으나 대부분 기저세포에 분포하며 손바닥, 발바닥, 입술 등의 털이 없는 부위뿐 아니라 모낭의 외근초에서도 발견된다. 촉각수용체로서 피부에서 촉각을 감지하는 역할을 하며 인접한 각화세포와 많은 부착반 Desmosome 에 의해 부착되어 있다.

### 피부의 구성세포

- 표피 : 각질형성세포, 멜라닌 세포, 랑게르한스 세포, 머켈 세포(촉각세포)
- 진피 : 섬유아세포, 미세혈관 내피세포

## (2) 진피

### ① 진피층의 구조

진피는 강하고 유연성 있는 결합조직으로 표피보다 10~40배 가량 두꺼운 실질적인 피부이다. 정육면체 형태의 세포로 이어져 있으며, 구조는 경계가 뚜렷하지 않은 상층의 유두층 papillary layer 과 하층인 망상층 reticular laye 으로 나눌 수 있으며, 교원섬유 collagen fiber 와 탄력섬유 elastin fiber 등의 섬유성 단백질과 무정형의 기질로 구성된다. 그 두께는 표피의 14~20배이고, 피부의 90%를 차지한다.
진피층의 구성세포로는 섬유아세포 fibroblast, 비만세포 mast cel, 식세포 macrophage 등이 있으며, 이 세포들은 피부층을 지지하고 모세혈관, 림프관, 한선, 피지선 등은 피부의 영양 및 지각기능, 노폐물 배설 등 피부의 중요한 기능을 한다.

㉠ 유두층 Papillary laye : 표피와 진피가 접한 부분으로 모세혈관을 통해 표피의 기저층에 산소와 영양을 공급하여 각질형성세포의 세포분열 및 세포 생성에 중요한 역할을 하며, 유두층은 전체 진피의 10~20%를 차지한다.
표피 쪽으로 돌출된 진피의 작은 돌기를 유두 Papilla 라고 하며 물결모양을 이루고 있으며, 교원섬유 collagen fiber 가 둥글고 불규칙하게 배열된 결합조직 looseconnective tissue 으로 이 섬유 사이에는 세포들과 많은 기질들이 존재한다. 유두의 물결 모양은 피부가 노화될수록 점점 편평해지는데 이로 인한 조직의 형태로 노화의 정도를 짐작할 수 있다. 유두에 존재하는 모세혈관은 표피에 영양분과 산소를 운반해주고, 림프관을 통해서는 표피의 노폐물을 배설해주며, 신경종말은 감각소체를 형성하여 촉각이나 통각 등의 신경을 전달한다

㉡ 망상층 Reticular layer : 유두층의 아래에 위치하며 그물 모양을 이루고 있는 망상층은 진피층의 80~90%를 차지한다. 불규칙한 결합조직으로 모세혈관이 거의 없으며 혈관, 림프관, 피지선, 한선, 신경, 털세움근, 피지선 등이 복잡하게 분포되어 있고 감각기관으로는 압각, 온각, 냉각이 있다.
굵은 교원섬유와 탄력섬유가 피부표면과 평행으로 매우 치밀하게 구성되어 있고, 교원섬유가 90% 이상을 차지한다. 교원섬유인 콜라겐 Collagen fiber 과 탄력섬유인 엘라스틴 Elastin fiber, 그 사이를 메우는 기질 Dermal fiber 과 이 모든 성분을 만들어내는 섬유아세포, 비만세포, 면역세포 등으로 구성되어 있다.

망상층은 탄력과 팽창성이 큰 층으로 피부의 탄력성은 진피를 이루는 섬유질의 탄력 상태에 따르는데, 임산부나 비만인 사람에서 피부가 늘어날 수 있는 것도 섬유질때문이다. 섬유의 배열은 일정한 부위에서 신체 부위에 따라 달라지는데 이러한 섬유의 주행방향을 피부할선, 또는 처음 발견한 학자의 이름을 따서 랑거선 Langer line 이라 한다. 수술 시에 이 랑거선을 따라 절개하면 상처의 흔적이 작게 남는다.

### ② 진피의 구성 물질

㉠ 콜라겐 Collagen fiber, 교원섬유 : 콜라겐은 우리 인체 내 단백질의 33%를 차지하는데, 피부, 혈관, 뼈, 치아, 근육 등 인체를 지탱하고 유지한다. 진피 구성성분의 90%를 차지하며, 섬유아세포에서 만들어지고 교원섬유 collagen fiber 와 탄력섬유 elastin fiber 가 세포와 세포 사이를 연결하는 고리 역할과 피부에 장벽을 주어 탄력성과 신축성, 유연성을 부여한다.

교원질인 콜라겐은 자외선으로부터 어느 정도 피부를 보호하며, 그 속에 충분한 수분을 포함하고 있어 피부의 수분유지를 돕고 피부의 탄력상태를 결정한다. 이러한 진피 내의 교원섬유인 콜라겐의 기능이 떨어지면 진피 내 수분이 감소하고 표피와 진피 경계부인 유두층이 납작하게 되고 피부 주름과 처짐 현상, 즉 피부노화가 나타난다. 콜라겐은 우리가 엄지와 집게손가락으로 피부를 잡아당겼을 때 어느 정도 이상은 피부가 늘어나지 않는데, 이때 늘어나지 않게 작용하는 것이 콜라겐이다. 즉 콜라겐은 피부에 가해지는 압력이나 외부의 힘에 대해 저항하는 역할을 한다. 노화된 피부는 콜라겐의 양이 감소하고, 길이와 형상에 손상을 받아 주름이나 피부 처짐과 같은 증상이 나타난다. 콜라겐 양은 20세를 기준으로 60세에는 약 60% 정도 감소한다.

㉡ 히알루론산 Hyaluronic acid : 히알루론산은 동물 등의 피부에 많이 존재하는 생체 합성 천연 물질이다. 수산화기 -OH 가 많기 때문에 친수성 물질이며, 동물 등의 피부에서 보습 작용의 역할을 한다. 수분함량이 많아 피부와 관절의 유연성을 도우며, 눈, 입술, 두피, 모공 등에서 윤활유와 같은 역할을 하고 있다. 히알루론산은 콜라겐과 엘라스틴을 이어주고 자기 무게의 1000배에 달하는 수분을 보유할 수 있으며, 피부에는 우리 인체의 히알루론산 중 50%가 존재한다.

㉢ 엘라스틴 Elastin fiber, 탄력섬유 : 콜라겐 교원섬유 과 함께 피부표면에 팽팽하게 배열되어 있는 엘라스틴은 진피 건조중량의 4%를 차지하는 두꺼운 섬유 단백질이다. 섬유아세포에서 생성되고, 콜라겐에 비해 짧고 가늘며 탄력성이 있어 원래 길이의 1.5배까지 늘어나며, 다시 놓게 되면 스프링처럼 원래의 상태로 되돌아간다. 따라서 엄지와 집게손가락으로 피부를 당겼을 때 재빨리 원래 상

태로 돌아가는 것은 손상된 엘라스틴이 적다는 것을 의미한다. 진피층에서 콜라겐을 지지해주고 입체적으로 얽혀 피부의 볼륨과 탄력을 높여주는 역할을 하고 있다. 콜라겐과 엘라스틴은 수분을 결합하는 힘에 의해 탄력성을 가지나 수분보유 능력이 저하되면 그물망의 배열이 느슨해져서 피부가 이완되고 주름이 생기는 노화현상이 나타난다. 피부뿐만 아니라 인체 내 장기의 신축성을 유지해주며, 혈관의 탄성을 유지시켜 동맥경화와 심장병을 예방 해주고 부상의 위험으로부터 인대를 보호해주는 기능을 한다.

㉣ 기질 ground substance : 기질은 주위의 다른 조직을 지지하면서 결체조직 대사와 염분, 수분의 균형에 관여하는 진피 내의 섬유성분과 세포 사이를 채우고 있는 물질이다. 점다당질 뮤코다당질, mucopolysacccharide 이 주성분이며, 점다당질은 히알루론산, 콘드로이틴황산, 헤파린 황산염으로 이루어져 있다. 이들은 친수성 다당체로 자체 무게의 수십 배에서 1,000배까지 수분을 흡수할 수 있는 능력을 가지고 있다. 특히 히알루론산은 무자극성이면서 뛰어난 보습작용으로 보습용 화장품의 원료로도 널리 사용되고 있다.

### ③ 진피층의 구성세포

㉠ 섬유아세포 Fibroblast : 섬유아세포는 동물의 결합 조직에서 가장 흔한 세포로 결합조직 내에 널리 분포되어 상존 resident 하는 세포이다. 모양은 편평하고 방사형이나 방추형으로 길고 늘어진 모양을 이루며, 불규칙한 돌기를 보인다.

일생동안 세포에 중요한 정보제공을 하며 교원섬유와 탄력 섬유 · 기질을 생성하며, 콜라겐을 합성하여 상처 치유에 중요한 역할을 한다.

이러한 섬유아세포 사이에는 점다당질 성분인 기질이 겔 상태로 분포되어 있고, 모세혈관 · 동맥 · 정맥 · 림프관 · 신경들이 복잡하게 얽혀 있으며, 피부부속기관인 피지선과 한선이 자리를 잡고 있다. 이들은 피부영양공급, 노폐물 배설, 감각, 분비 등 피부의 중요한 기능을 맡고 있다.

㉡ 비만세포 Mast cell : 동물의 결합조직 가운데 널리 분포하는 세포이며, 특히 모세혈관에 따라 많이 분포하는 달걀꼴 및 원형의 세포이다. 히스타민 histamine 과 세로토닌 serotonin, 또 헤파린 heparin 이 함유되어 있으며, 피부결체조직, 장막, 혈관 주위, 다양한 점막 주변에 존재한다. 비만세포 과립 탈출 반응이 일어나 세포 안의 물질이 방출되면 조직에 과민 반응이 일어난다. 알레르기 반응의 시작에 중요한 세포로서 조직에 감염반응이 일어났을 때 조직 내로 면역물질을 불러들이는 역할을 한다.

㉢ 대식세포 Macrophage : 동물 체내 모든 조직에 분포하여 면역을 담당하는 세포이다. 침입한 세균 등을 잡아 소화시켜 그에 대항하는 면역정보를 림프구에 전달하여, 탐식세포라고도 한다. 이물질 · 세균 · 바이러스 · 체내 노폐세포 老廢細胞 등을 포식하고 소화하는 대형 아메바상 식세포를 총칭한다.

섬유아세포와 혈관내피세포의 성장인자를 생산하여 손상된 조직을 치유하며, 염증반응에 관여하는 물질이나 사이토카인 cytokine 을 분비하여 염증반응을 조절하고, 면역세포의 작용을 조절하는 사이토카인 cytokine 을 분비하여 면역작용을 조절하는 등의 여러 가지 기능을 맡고 있다.

### (3) 피하지방층 Subcutaneous layer

진피의 아래에 지방세포로 진피보다 두꺼운 층이다. 피하지방층의 두께와 분포는 인체의 부위에 따라 차이가 있으며, 연령, 성별, 체형, 유전, 신체의 영양상태, 피부 부위, 기후 등에 따라 달라진다.

피하지방층에는 지방세포와 지방조직이 발달되어 있고 지방세포 사이사이에는 진피로 연결되는 섬유들과 혈관 림프들이 자리잡고 있다. 피하지방층에 지방이 지나치게 많이 축적되거나 조직액이 축적되어 피하조직이 두꺼워지게 되면, 진피 · 표피가 위로 밀려 올라오면서 피부 표면이 오렌지 껍질처럼 울퉁불퉁 튀어 올라 오게 된다. 이때 피하지방층에는 지방세포 주위의 결합조직인 림프관과 혈관이 압박되어 순환장애가 일어나고 교원섬유의 탄력성이 저하되는 현상이 일어나는데, 이러한 피부 내부와 피부 표면의 현상을 셀룰라이트라 한다.

셀룰라이트가 주로 발생하는 부위는 엉덩이, 허벅지, 팔의 윗부분, 배꼽 아래 등으로 셀룰라이트 증상이 심한 경우는 비만과 함께 순환계 질병의 원인으로 작용한다.

#### 피하지방의 역할

- 외부 충격으로부터 인체 내부 조직을 보호
- 피하조직의 지방세포들은 지방을 생산하여 체온의 손실을 막는 체온 보호기능
- 외부의 압력이나 충격을 흡수하여 신체 내부의 손상을 막는 물리적 보호기능
- 인체에서 소모되고 남은 영양이나 에너지를 저장하는 저장기능
- 여성호르몬과도 관계가 있어 여성이 더 발달되어 있으며, 여성의 곡선미를 유지하는 역할
- 피부에 탄력 부여

### (4) 피부부속기관

피부의 부속기관은 모발, 손·발톱, 피지선, 한선, 치아, 유선, 신경 등으로 구성되는데, 이들은 피부에서 발생된 것이지만 각기 다른 작용을 하며, 피부의 건강은 모든 부속기관이 제 기능을 다함으로써 유지된다.

#### ① 모발 hair, 털

포유동물에게만 존재하고 생태학적으로 상피조직에서 생성되며 태아기 2개월째부터 나타난다. 모발은 손、발바닥, 손가락과 발가락의 말단부, 피부와 점막의 경계부, 남성 생식기 귀두부를 제외한 모든 피부에 존재한다. 털이 난 부위에 따라 모발, 턱수염, 음모, 액모, 눈썹(眉毛), 이모(耳毛) 등으로 구별하며 짧은 털은 단모, 긴 털은 장모로 구별한다. 이러한 털은 몸의 부위, 인종, 그리고 개인에 따라 다르다. 백인종은 갈색, 적색 등이며, 황인종은 흑색이다. 또한 털은 직모, 파상모, 나선모 등이 있다. 모발의 단면을 보면 직모는 원형, 파상모는 타원형, 축모는 삼각형으로 보여진다. 모발은 성장기에 분열이 왕성하여 모발을 자라게끔 한다. 일반적으로 85~90%는 성장기의 모발로서 일정기간 동안 남성은 3~5년, 여성은 4~6년, 속눈썹은 3~5개월, 눈썹은 2~3년 자라다 휴지기를 맞게 되는데 반해 휴지기의 10~15%의 모발은 성장이 정지된 상태로 있다가 점차 자연스럽게 빠지게 된다.

㉠ 모발의 역할

ⓐ 인체를 보호하는 역할

- 두피의 모발 : 물리적 충격, 자외선, 추위와 더위 등 외부자극으로부터 머리 보호
- 눈썹, 속눈썹 : 눈 보호
- 코털 : 미세먼지와 같은 외부 자극 물질을 걸러주는 여과기 역할
- 겨드랑이와 생식기 주위의 털 : 피부 간 마찰을 완화

ⓑ 개성을 표현하는 수단으로 장식의 역할

ⓒ 촉각이나 통각을 전달하는 지각의 역할

㉡ 모발의 구조

ⓐ 모발의 해부

- 모간 hair shaft : 피부표면 밖으로 나와 있는 부분
- 모근 hair root : 피부 속 모낭 안에 있는 부분

• 모낭 follicle : 모근을 싸고 있으며, 모낭은 털을 만들어내는 기관

• 모구 hair bulb : 전구 모양으로 털이 성장. 모질세포와 멜라닌 세포로 구성

• 모유두 hair papilla : 모구와 맞물려 있는 부분으로 혈관과 림프관을 통해 털에 영양을 공급하여 발육에 관여

• 입모근 arrector pili muscle : 털세움근, 기모근이라고도 하며, 불수의근이며 자율신경의 지배를 받아 긴장하거나 감정이 긴박해질 때 이 근육이 수축되어 털을 세우는 기능

ⓑ 모발의 단면 구조

• 모표피 Hair cuticle, 큐티클 : 모발의 내부를 외부로부터 보호하기 위한 딱딱한 각질층이며 7~8겹으로 이루어져 있다. 큐티클이라고도 하며 모발의 가장 바깥층의 비늘모양으로 모발의 유연성을 주는 가느다란 세포로 되어 있다. 이 세포들이 작용을 멈추면 모발은 부러지고 만다. 털의 가장 외부에 위치하여 모피질을 보호한다.

• 모피질 Cortex : 방추형의 결합세포로 모피질 사이에 멜라닌을 함유하고 있으며, 모발 중 가장 두껍고 중요한 부분으로 중간층에 위치하며 점차 자라면서 핵을 소실하게 된다.

• 모수질 Medulla : 공기, 연케라틴, 영양소 등을 함유하고 있으며, 털의 맨 안쪽 중심부에 자리하고 있는 부분으로 각화된 입방형, 즉 벌집 모양 또는 원형 모양의 세포가 느슨하게 연결되어 있다.

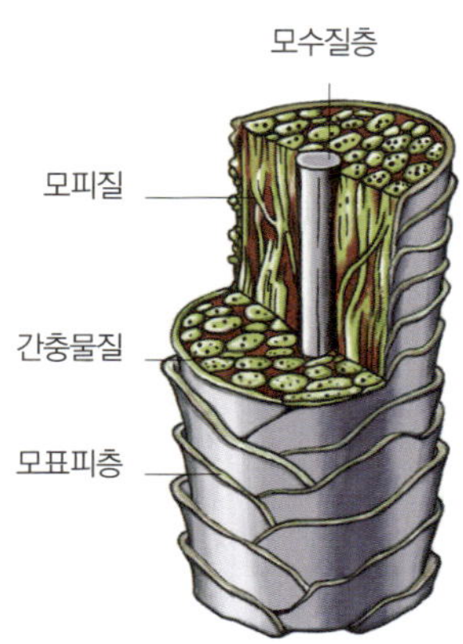


모발의 횡단면

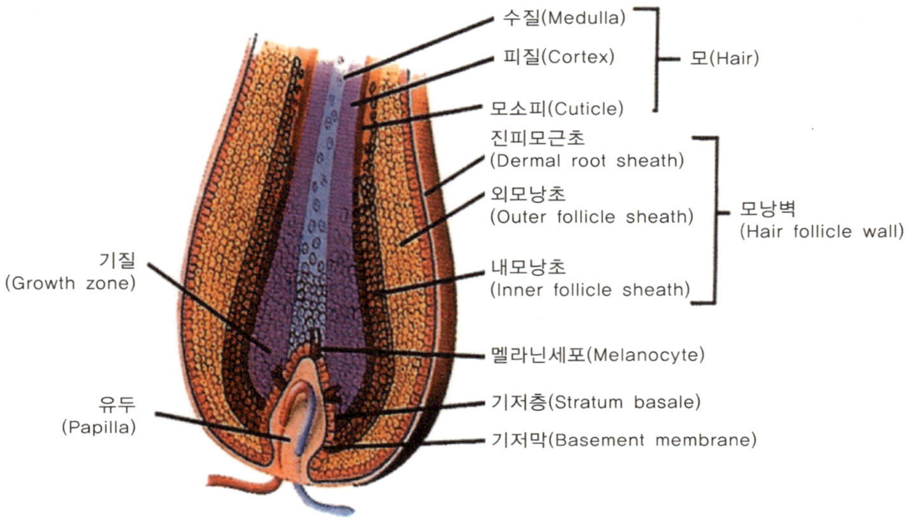


모낭의 구조

㉢ 모발의 성장주기 : 두피의 모발은 약 10만 개로 성장 후 일정기간이 지나면 자연히 빠지고 다시 생겨 자라나는 과정을 반복한다. 이것을 모발의 성장주기라고 하는데 이 기간 동안 모발은 성장을 계속하는 성장기 anagen 2~6년, 성장을 멈추는 퇴행기 catagen 2~4주, 모발이 빠져나가는 휴지기 telogen 3~5개월을 거치게 된다.

털의 성장주기는 신체부위에 따라 다양하며 눈썹 같은 단모는 생장기도 짧다. 두피의 모발이 자라는 속도는 하루에 0.3~0.4mm 정도이고, 각각의 모낭은 독립적이다. 모발의 일부는 자연 탈모되는데, 길고 튼튼한 털이 1일 평균 50~100개 정도 빠지게 된다. 하지만 문제성 탈모의 경우에는 짧고 부드러운 털이 하루 100개 이상 눈에 띌 정도로 많이 빠진다.

모발의 성장에 영향을 주는 내적 · 외적요인으로는 영양결핍, 질병 심장병, 암, 빈혈 등, 감염, 수술, 외상, 심한 스트레스, 호르몬의 변화 임신, 갑상선 질환, 왁스나 핀셋에 의한 제모, 털의 화학적 또는 물리적 손상이 있다.

ⓐ 성장기 anagen : 털의 85~90%가 이 시기에 속하며, 두발 장모 의 성장기는 1~7년이고 단모 눈썹 의 성장기는 3~5개월이다. 모발이 계속 자라는 시기로 모유두의 혈관을 통해 영양분과 산소를 받아 세포가 분열, 증식하여 왕성히 자라는 시기이다. 나이가 들어 성장기 모발의 수가 감소하면서 머리숱이 줄어들게 된다.

ⓑ 퇴행기 catagen : 퇴행기는 2~4주간 진행되고 전체 털의 1~2%가 이 시기에 해당한다. 모근이 모유두로부터 분리되어 멀어짐으로서 털의 성장이 느려지다가 정지된다.

ⓒ 휴지기 telogen : 전체 털의 14~15%가 이 단계에 해당되며, 3~5개월간 지속된다. 모낭이 차츰 줄어들면서 모근이 모낭으로부터 떨어져 나가는 시기이다.
휴지기의 후반기에는 모낭이 아래쪽으로 성장하기 시작하면서 재성장을 위한 새로운 성장기가 시작된다. 유두돌기 부분에 새로운 털이 생겨나면서 같은 시기에 오래된 모발은 모낭 바깥으로 빠져나간다.

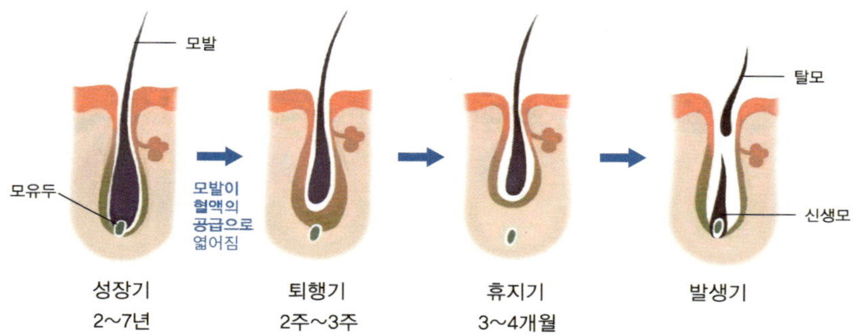

모발의 성장주기

㉣ 모발에 영향을 미치는 요인

ⓐ 유전 : 탈모는 가족력이 높은 경우에는 체질뿐만 아니라 생활습관과 식생활 등의 문제도 동반하는 경우가 많으며, 탈모 자체가 유전되기 보다는 남성호르몬 이나 피지 과잉분비와 같은 탈모요인의 체질이 유전된다.

ⓑ 호르몬 : 여성의 경우 출산 후 호르몬의 불균형과 노화로 여성호르몬 분비가 감소하여 탈모에 영향을 주기도 한다. 남성형 탈모의 주원인은 남성호르몬이며 호르몬의 영향 외에 모유두나 모세포의 손상이 있다. 모발을 건강하게 유지해주는 기능은 여성호르몬이다.

ⓒ 원활하지 못한 혈액순환 : 혈액순환이 원활하지 못할 경우 영양공급이 적절히 이루어지지 않게 되고 노폐물이 쌓여 인체와 두피에 나쁜 영향을 미친다. 인체에 흐르고 있는 혈액은 체중의 8%로 이 혈액은 식사 등으로 섭취한 영양과 산소를 체내의 세포로 운반과 동시에 각 조직에서 생긴 노폐물을 간장, 신장과 같은 기관으로 운반하는 중요한 역할을 한다.

ⓓ 스트레스 : 스트레스를 받으면 우리 인체의 기관을 관장하는 자율신경의 균형이 깨져 정상적인 기능을 못하게 된다. 스트레스로 인해 모세혈관의 혈액 흐름이 나빠질 경우, 모유두에 충분한 영양 공급을 못하게 되어 모세포의 기능이 저하되고 탈모가 진행된다.

ⓔ 운동, 수면 부족 : 운동 및 수면이 부족하면 신진대사 기능이 떨어지고 혈액순환이 원활하지 못하여 모유두나 모모세포의 기능도 저하되고 머리카락이 가늘고 약해져 잘 빠지게 된다.

ⓕ 약물 : 일부는 일시적인 탈모를 일으키지만 영구적인 탈모의 원인이 되는 것들도 있다. 기분장애 우울증, 조증, 조울증 에 사용되는 약 중에 탈모를 일으킬 수 있다.

- 여드름 치료를 위한 비타민 A 유도체 : Accutane isotretinoin
- 혈액응고방지제 : Coumadin, Heparin 주사
- 콜레스테롤 감소 약물
- 항경련제
- 항우울제 : Prozac, Zoloft
- 항진균제 Antifungals
- 심장질환, 고혈압 : Beta-blockers
- 피임약, 여성 호르몬 대체요법 HRT : estogen or progesterone
- 화학요법에 쓰이는 항염증약 : Methotrexate MTX
- 파킨슨 병 : Levodopa / L-dopa
- 갑상선 질환에 쓰이는 다양한 약물

ⓖ 무리한 다이어트 : 대표적인 다이어트 질환으로 꼽히는 탈모는 체내의 영양부족으로 모낭에 충분한 영양소가 공급되지 못해 진행되는 것으로 단기간에 무리하게 살을 빼다보면 영양불균형이 발생해 여러 가지 부작용이 나타나게 된다.
두부나 콩 등 단백질이 풍부한 음식을 섭취하면 탈모예방에 도움이 된다.

ⓗ 과도한 파마나 염색 헤어 케어

ⓘ 두피 노화

ⓙ 자외선 : 강한 자외선이 두피에 닿을 경우 피부노화가 촉진되어 탈모가 더 심해질 수 있다.

ⓚ 석유를 원료로 해서 합성한 계면활성제가 들어있는 샴푸

ⓜ 모발의 종류 : 모발의 종류는 배냇 솜털, 솜털, 종말 털로 나뉜다.

ⓐ 치모 배냇 솜털 : 태아가 약 20주가 되면 생애 처음으로 나는 가늘고 부드럽고, 연한 색깔의 털로 일명 배냇머리라 불린다. 태내에서 태아의 전신에 분포하는 털이며 출생 전에 탈락된다.

ⓑ 연모 솜털 : 인체 대부분을 덮고 있는 섬세한 털로 모수질이 없고 멜라닌 색소가 적은 갈색의 색상을 띠고 있다.

ⓒ 종모 성모, 종말털 : 머리카락이나 수염 같은 굵은 모발로 성인의 머리카락, 눈썹, 속눈썹, 수염, 겨드랑이 및 생식기의 수질을 포함하고 있다.

ⓓ 장모 : 긴 털로 머리카락, 수염, 음모, 액와의 털

ⓔ 단모 : 짧은 털로 눈썹, 속눈썹, 콧털, 귓털

ⓕ 털이 없는 곳 : 손바닥, 발바닥, 입술

ⓑ 모발의 모양

ⓐ 직모 : 동양인의 털

ⓑ 파상모 : 백인의 완만한 웨이브의 털

ⓒ 구상모 : 흑인의 곱슬머리털

ⓢ 모발의 색깔

ⓐ 흑발 : 멜라닌 색소를 많이 함유하고 있다.

ⓑ 금발 : 멜라닌소체를 적게 형성하여 멜라닌 색소의 양이 적거나 멜라닌 색소의 침착이 불완전하다.

ⓒ 은발 : 멜라닌 세포의 수가 적다.

ⓓ 적발 : 일반적인 멜라닌인 유멜라닌이 아닌 페오멜라닌 pheomelanin 을 함유하고 있다.

ⓔ 백발 : 영양결핍, 노화, 스트레스 등의 영향으로 멜라닌 색소의 합성이 이루어지지 않는 결과로 나타난다.

### ② 피지선

피지선 sebaceous gland은 진피의 망상층에 위치하고, 모낭의 벽에 3~5개의 주머니가 모낭주위에 그룹을 지어 모낭으로 연결되며, 피부표면에서 모공을 통해 분비물인 피지를 분비하기 때문에 일명 모낭선이라고도 한다. 피지를 분비하는 기관으로 모낭벽에 붙어 있는 기름샘이다. 피지선은 손·발바닥을 제외한 피부 전체에 분포하며 인종, 성별, 연령, 계절 등에 따라 다르게 분비된다.

피지선은 태아 4개월때부터 모낭과 함께 만들어지며 출생 직후 크게 발달해 있다가 점점 줄어들게 된다. 사춘기가 시작되면서 분비되는 성호르몬의 영향을 받아 피지선은 다시 커져 집중적으로 분비되고 성인기에 가장 커지며 40세 이후 점차 감소된다. 피지선은 피부표면에 지방을 분비하여 윤기부여와 땀과 함께 피부와 모발을 윤택하게 한다. 손바닥과 발바닥을 제외한 거의 전신에 존재하고, 하루 평균 1~2g 정도의 피지가 분비되지만 환경과 성별, 나이, 신체기관의 장애, 호르몬, 정신적 영향이나 계절 등에 따라 차이가 있으며 대개 남성이 여성보다 피지량이 많다.

㉠ 피지의 역할

ⓐ 피지는 땀이나 공기 중의 수분과 섞여 피지막의 항상성 유지

ⓑ 각질층 수분함량 유지

ⓒ 피부표면에 항산화 물질을 공급

ⓓ 산화 스트레스 특히 UVB로부터 각질형성세포를 보호

ⓔ 항균 세균, 바이러스 작용

ⓕ 염증과 연관된 사이토카인을 분비, 신경펩타이드의 분비를 조절

㉡ 피지선의 종류

ⓐ 큰 기름샘 : 얼굴의 T-zone, 두피, 목, 가슴, 등의 중앙부분에 피지선이 많이 분포되어 있다. 이 부위를 지루부위라 하며, 이곳에는 특히 피지선 기능이 항진되거나 저하되는 피지선 기능장애 현상이 두드러지게 나타난다.

ⓑ 작은 기름샘 : 손 · 발바닥을 제외한 전 신체

ⓒ 독립기름샘 : 털과 연결되지 않은 부위, 윗입술, 생식기, 유두, 구강점막, 눈꺼풀 등에서 볼 수 있다. 피지선의 대부분은 모낭과 연관되어 있으나 모낭과 연관되어 있지 않고 독립되어 있는 것을 독립피지선이라고 한다.

ⓓ 무기름샘 : 손 · 발바닥, 아랫입술에는 피지선이 존재하지 않는다.

㉢ 피지선과 호르몬 : 피지선은 임신 4개월 때에 생성되어 출생 시에는 거의 완전한 형태를 갖춘 다음 출생 후에는 퇴화된다. 신생아에게서 흔히 볼 수 있는 피부 표면의 작고 붉은 구진들은 피지가 뭉쳐 나타나는 증상으로 신생아 여드름이라 부른다. 퇴화된 피지선은 8~10세경에 다시 그 기능이 촉진되어 사춘기를 거쳐 청년기까지 성호르몬의 영향을 받아 완숙해진다. 이로 인해 8~17세 시기에는 지성피부와 여드름 경향이 나타나게 되며, 25세까지는 여성과 남성의 피지 분비량은 비슷하게 진행된다. 그러나 나이가 들면서 점점 피지 생산이 줄어들어 여성의 경우, 35~40세

에 많이 감소하고 폐경기를 기하여 50~60세에는 피지선의 기능이 퇴화하게 된다. 반면에 남성의 경우는 40세 이상이 되면 경미하게 감소되며, 개개인의 신체 상황에 따라 다르지만 60세 이후에는 현저하게 줄어든다.

남성의 피부가 여성의 피부보다 늦게 노화되는 이유로는 남성호르몬인 테스토스테론에 큰 반응을 하는 안드로겐호르몬의 영향을 들 수 있는데, 성호르몬인 안드로겐은 피지 분비를 촉진시키고, 반면에 여성호르몬인 에스트로겐 estrogen은 피지분비를 억제한다. 이로 인해 남성이 여성에 비해 지성피부가 많으며 피부가 건성화되는 속도가 느리게 되어 여성 피부보다 더 늦게 노화 된다.

피지 분비량에 따라 피부는 중성피부, 건성피부, 지성피부, 복합성 피부유형으로 구분되며, 피지의 분비는 외부의 온도나 계절, 연령, 호르몬, 환경, 개인의 건강상태 등이 큰 영향을 미친다. 임산부의 경우에는 일반인보다 기름샘의 활동이 증가하여 피지분비가 많아진다.

### ③ 한선 sweat gland 땀샘

우리 인체에 있는 약 200만 개의 한선은 땀을 분비하는 기관이다. 땀의 99%는 수분이며 각질층 수분유지에 도움을 준다. 진피의 망상층에 실뭉치 모양으로 엉켜 있으며, 신체부위에 따라 분포상태가 다르다. 피지선 1개에 약 6~8개의 한선이 존재하며 전 신체에 대략 200만 개의 한선이 존재한다. 한선은 전 피부에 분포되어 있으며 특히 손바닥과 발바닥, 그리고 겨드랑이와 이마에 많이 있다.

일반적으로 성인의 경우 1시간에 약 30cc, 1일 0.6~1.2L 정도의 땀이 한선을 통해 분비되는데, 이들은 대부분 체온조절과 함께 피부의 피지막과 산성막 형성에 관여한다. 땀의 수분성분과 피지의 기름성분은 기름 중 어떤 물질에 의해 크림 모양의 상태로 유지되어 피부표면에 피지막을 형성하는 것이다. 이러한 피지막의 기능은 피부를 부드럽게 하고 땀과 피지에 의해 산성을 띠면서 외부의 세균에 대한 피부를 보호하는 작용을 한다.

#### ㉠ 한선의 기능

ⓐ 땀의 성분은 99%의 수분과 약 1%의 고형질인 나트륨·칼륨·요소·단백질 등으로 이루어져 있으며, 발한 시 땀을 적절하게 배출하게 되면 신체 내의 유독물질이나 독소 등의 노폐물을 배설시켜 피부를 맑게 해준다.

ⓑ 땀에는 자외선 흡수작용을 하는 우로카닌산 urocanic acid이라는 성분이 함유되어 있어 자외선으로부터 피부를 어느 정도 보호해 주는 역할을 한다.

ⓒ 수분을 보유해 주는 천연보습인자가 함유되어 있어 피부의 보습력을 좋게 한다.

ⓛ 한선의 종류 : 전신에 존재하는 한선은 그 기능과 크기에 따라 체온 조절을 다스리는 소한선 에크린선과 신체 특정부위에만 존재하면서 사춘기 이후에 기능을 발휘하는 대한선 아포크린선으로 나눌 수 있다.

ⓐ 소한선 에크린선 : eccrine sweat gland : 에크린선은 우리가 일반적으로 말하는 땀을 분비하는 땀샘으로 아포크린선보다 작으므로 소한선이며, 입술과 음부를 제외한 전신에 분포되어 있는 땀샘으로 특히 손바닥과 발바닥, 겨드랑이, 이마, 서혜부, 코 부위에 많이 분포되어 있다.

에크린선을 통한 땀은 산도가 pH 3.8~5.6으로 약산성인 무색, 무취의 맑은 액체로 평소에는 사람에게 인지되지 않는 상태로 혈액에서 만들어져 지속적으로 배출된다. 신체의 온도, 정신적 긴장, 혈액의 수분량, 발한작용을 촉진시켜 주는 약품, 자극 있는 음식과 음료 등의 자극요인에 의해 분비가 촉진된다. 또한 피지와 더불어 피부를 보호하고 습기를 주어 피부의 건조를 막아주며 일반 성인의 신체에는 2~4백만 개의 에크린선이 존재한다.

ⓑ 대한선 아포크린선 : apocrine sweat gland : 아포크린선은 성선 性線 과 독특한 향을 내는 물질을 함유하며 피지선과 함께 개인의 체취를 만들어내므로 체취선이라고도 부른다. 아포크린선은 에크리선과는 다르게 모낭과 연결되어 모공을 통하여 세포성분의 액체 상태로서 분비되는데 특이한 냄새와 뿌옇고 탁한 것이 특징이다. 주로 겨드랑이, 유두, 음부, 귓속 등의 특정부위에만 존재한다.

흑인, 백인, 동양인의 순으로 발달되어 있으며, 2차 성징의 하나로 사춘기 때 기능이 가장 활발하고, 남성보다 여성에게 발달되어 있다. 여성은 생리 전과 생리 중에 분비량이 많아지나 갱년기 이후에는 기능이 퇴화되면서 분비가 감소된다.

아포크린선의 땀의 산도는 pH 5.5~6.5로 흰색 또는 노란색의 뿌옇고 탁한 농도 짙은 분비물로 단백질의 함유량이 많아 주위 세균에 의해 땀 성분이 부패되면 악취가 발생하게 된다. 이와 같은 체취를 암내 액취증 라고 하며 심한 경우에는 냄새뿐만 아니라 겨드랑이 부위의 옷 색깔까지 변색시킬 수 있다. 이러한 냄새를 줄이기 위해서는 약물비누로 자주 세척하고, 항생제 연고 또는 땀 분비를 억제시켜 주는 방취제 deodorant 를 도포하는 방법이 있으나 심할 경우 아포크린선이 분포하는 부위를 외과적으로 절제하는 방법을 시술하기도 한다.

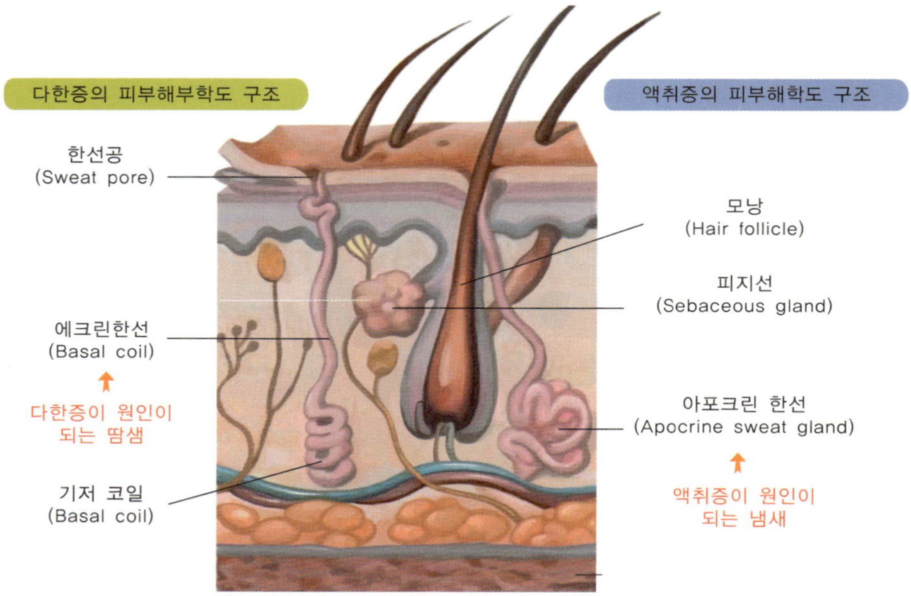


피지선, 피하지방, 에크린 땀샘, 아포크린 땀샘

### ④ 손 · 발톱 Nails, 조갑

손·발톱은 모발과 마찬가지로 경단백질인 케라틴과 이를 조성한 아미노산 특히 시스틴으로 주로 구성되어 있으며, 이외에 기질 0.1~1%, 황 3%, 칼슘, 마그네슘, 구리, 아연, 철 등의 미네랄과 미량 원소들로 구성되어 있다. 수분은 7~10%로 피부에 비해 적은 편이며 손·발톱의 경도는 함유된 수분의 함량이나 각질의 조성에 따라 좌우된다.

#### ㉠ 손·발톱의 기능

ⓐ 손가락 및 발가락의 말단부를 보호하고 지지하는 기능

ⓑ 손톱과 발톱의 손끝과 발끝을 보호함과 동시에 물건을 집을 때나 걸음을 걸을 때 중요한 역할

ⓒ 감촉을 느낄 수 있는 감각기관의 기능과 장식적 도구의 역할

## 평 가

1. 피부의 역할을 설명하시오.

2. 표피의 구성 세포를 설명하시오.

3. 진피의 구성 물질을 설명하시오.

4. 피하지방의 역할을 설명하시오.

5. 모발의 성장주기를 설명하시오.

## 해답 & Tip

1 체내의 모든 기관을 외계로부터 보호하며, 미생물과 물리화학적 자극으로부터 생체를 보호한다. 또한 수분 증발과 투과를 막아 피부장벽의 수분을 조절하며, 체온을 일정하게 유지·조절, 감각기로서 촉각, 온각, 냉각, 통각, 압각의 지각작용, 호흡작용, 재생 기능을 한다.

2 각질형성세포, 멜라닌 세포, 랑게르한스 세포, 머켈 세포 촉각세포

2 콜라겐 Collagen fiber, 교원섬유, 히알루론산 Hyaluronic acid, 엘라스틴 Elastin fiber, 탄력섬유, 비만세포 Mast cell, 대식세포 Macrophage

3 외부 충격으로부터 인체 내부 조직을 보호하며, 피하조직의 지방세포들은 지방을 생산하여 체온의 손실을 막아 체온을 보호한다. 외부의 압력이나 충격을 흡수하여 신체 내부의 손상을 막는 물리적 보호 기능, 인체에서 소모되고 남은 영양이나 에너지를 저장하는 저장기능 등이 있다. 여성호르몬과도 관계가 있어 여성이 더 발달되어 있으며, 여성의 곡선미를 유지하는 역할을 하며 피부에 탄력을 부여한다.

4 두피의 모발은 약 10만 개로 성장 후 일정기간이 지나면 자연히 빠지고 다시 생겨 자라나는 과정을 반복한다. 이것을 모발의 성장주기라고 하는데 이 기간 동안 모발은 성장을 계속하는 성장기 anagen, 성장을 멈추는 퇴행기 catagen, 모발이 빠져나가는 휴지기 telogen를 거치게 된다.

## 2. 피부타입 식별

### 1) 피부타입

피부는 각 개인이 다른 사람과 다른 특유의 상태를 갖고 있으며, 여러 요인에 의해 변화한다. 계절과 날씨 등의 외부환경과 스트레스와 같은 정신적 요인, 수면시간과 식생활 등의 생활 습관, 피부 질환 또는 내과적 질환에도 영향을 많이 받는다.

이로 인한 피부 타입의 식별 요소는 피부결, 피부 두께, 피지 분비량, 수분함량, 피부톤, 색소침착 정도, 모공의 크기, 탄력성과 예민도 등이다.

피부의 유형은 일반적으로 피부표면의 유·수분량, 혈액순환 상태, 피부의 두께 등에 따라 중성피부 정상피부, 건성피부, 지성피부, 복합성, 민감성 피부의 5가지 유형으로 크게 분류된다.

건강한 피부는 피부에 질병이 없고 유분, 수분, 피지가 균형을 이루고 있으며, 피부의 각질과 피부결이 고르고 탄력이 있으며 색이 맑고 균일하다.

#### (1) 중성피부 정상피부

중성피부는 유분과 수분의 밸런스가 균형적으로 20세에 많이 볼 수 있는 이상적인 피부 타입이다. 현재 상태를 유지시켜주는 보습관리를 해 주어야 한다.

① 피부결이 균일하며 윤기가 있다.

② 피부결이 곱고 모공의 크기는 적당하다.

③ 피지선과 한선의 분비가 정상적이며 외부 자극을 덜 받는다.

④ 각질층의 수분함량이 10~20% 정도로 촉촉하여 세안 후 당김이 별로 느껴지지 않고 번들거리지 않는다.

⑤ 혈액순환이 원활하여 혈색이 좋으며 피부 건강 상태가 정상이다.

⑥ 피부의 색소 침착이 없고, 여드름 등의 질환이 없으나 생활습관에 따른 관리가 필요하다.

### (2) 건성피부

건성피부는 유분과 수분이 얼굴 전체적으로 부족한 상태이다. 피부의 수분함량이 부족하여 외부의 자극에 의해 가려움증이 유발되기도 한다. 부신, 간, 갑상선 기능저하, 비타민 A, D 결핍, 수면부족, 스트레스, 갱년기 등과 관계가 있다.

① 피부결이 고우며 모공이 작다.
② 피지량의 감소와 외부자극을 잘 받으며 잔주름이 생기기 쉽다.
③ 각질층의 수분이 10% 이하로 부족하여 피부표면이 거칠며 각질이 쉽게 일어난다. 세안 후 당김이 강하다.
④ 피부표면이 건조하여 윤기가 없고 탄력성도 떨어진다.
⑤ 각질층의 두께가 얇으며, 노화현상이 빠르게 진행된다.
⑥ 모세혈관이 확장되어 저항력이 약하고 접촉 피부염이 발생하기 쉽다.
⑦ 피부 보습과 수분 유지를 위한 올바른 세안법이 중요하다.

**표피 수분부족 건성피부** Dehydrated skin

표피 수분부족 건성피부의 특징으로는 피부조직에 표피성 잔주름은 형성되는 반면에 표정 원인성 주름은 쉽게 나타나지 않는다. 또한 피지분비가 많은 지성피부의 관리를 소홀히 하거나 잘못했을 경우에 나타나기도 한다. 일반 건성 피부와 유사하게 표피가 건성화되는 것으로 자외선, 찬바람, 일광욕, 냉·난방 등의 환경과 부적절한 피부관리 습관과 화장품 사용 등의 외적인 요인에 기인한다.

**진피 수분부족 건성피부** Deep dehydrated skin

진피 수분부족 건성피부 특징으로 피부조직이 거칠고 생명력이 없어 보이며 색소 침착도 발생되기 쉽다. 피부 당김이 내부에서부터 심하게 느껴지며 굵은 주름살이 형성된다. 이러한 진피 수분부족 건성피부는 다시 정상으로 회복하기 가장 어려운 심각한 상태의 건성피부이다. 피부의 내적 원인에 의해 섬유아세포 기능의 이상이 생겨 진피의 섬유조직 생성에 문제가 생기거나 기존의 콜라겐 섬유조직이 손상되어 피부가 수분을 보유하게 해주는 수화기능에 문제가 되어 발생되는 피부 유형이다.

### (3) 지성피부

지성피부는 유분이 많아 피지분비를 조절하여야 한다. 특히 코와 이마에 피지량이많다. 또한 남성호르몬 증가와 비타민 A, 비타민 B2, 비타민 B6 부족 등과 관계가 깊다.

① 피부결이 거칠며 각질층의 두께가 두껍고, 모공이 확장되어 있다.
② 피지분비가 많아 외부자극에 강하나 여드름이 생기기 쉽다.
③ 각질층의 수분함량이 20% 정도이고, 투명감은 없으나 피부표면이 번들거린다.
④ 각질층의 두께가 두껍다.
⑤ 건성피부에 비해 깊고 굵은 주름이 생기기 쉽다.
⑥ 피지로 인하여 화장이 잘 지워지고 피부표면에 불순물이 쉽게 묻어 2차적으로 감염이 생기기 쉽다.

**지루성 피부** Seborrhea oleosa

지루성 피부의 특징은 각질층이 비후하여 피부가 두껍게 보이며 머리에도 기름기가 흐르며 귀에도 귀지가 많이 생긴다. 그리고 피부결의 형태는 소구가 비교적 깊고 소릉의 형태가 크고 불규칙하며 여성에 비해 남성에게 많이 발생된다.
피부가 알칼리성을 띠어 세균에 대한 저항력이 약하며 모낭벽의 각화가 빠르게 일어나고 전체적으로 모공이 크다. 유전적인 내분비계의 영향으로 인해 피지가 과잉분비되어 피부 표면에 기름기를 만들어 항상 번들거리는 피부 형태이다.

**건성 지루피부** Seborrhea sicca

건성 지루피부 특징은 자극에 예민하고 피부가 쉽게 붉어지며 피부표면이 건조하고 각질이 잘 일어난다. 피지분비 기능은 다른 지성피부와 마찬가지로 과다 분비되지만 수분이 부족하여 피부표면에 당김 현상이 일어나는 피부유형이며, 지루성 피부에 비해 관리하기가 까다로우며 남성보다는 여성에게 많이 나타난다. 여러 가지 외·내적 요인과 환경적 요인 등에 의해 나타날 수 있으며, 얼굴 부위 중 이마와 코 부위 T-zone 에 많이 나타난다. 지루성 피부에 비해 저항력이 약해 여드름 발생률이 높은데 이때 치유하는데 시일이 걸린다.

### (4) 복합성피부

복합성피부는 이마와 코 T–존 에는 유분기가 많아 번들거리고, 볼과 턱 U–존 은 건조하여 당김이 있다. 부위별 피부 타입에 따라 수분을 공급하고 피지를 제거하여야 한다.

① 일반적으로 이마와 코는 모공이 크고 피부결이 거칠며 여드름이 발생하기 쉽다.
② 볼과 턱은 모공이 거의 보이지 않고, 예민하며 눈가에 잔주름이 생기기 쉽다.
③ 광대뼈와 볼 부위에 색소침착이 나타나기 쉽다.
④ 피부의 유분과 수분량의 균형이 맞지 않다.
⑤ 부위별 관리가 필요하다.

### (5) 민감성피부

민감성피부는 유전적요인과 환경적요인과 관계가 깊으며  비타민 P, 비타민 K 부족 등과 관계가 있다.

① 피부가 대체로 얇고 건조하여 피부 당김 증상이 심하다.
② 모세혈관 확장이 흔하다.
③ 염증이 잘 생겨 색소침착이 쉽게 나타난다.
④ 계절과 외부 환경으로부터 민감하게 반응한다

## 2) 피부타입 식별법

실제 임상의 피부 진단에 있어 가장 중요한 것은 숙련된 전문가의 육안관찰이며, 피부타입 식별법으로는 문진법, 촉진법, 견진법이 있다.

### (1) 문진법

상담자가 고객과의 상담 및 문진표 작성을 통해 분석하는 방법이다. 고객의 연령, 성별, 결혼 유무, 직업, 건강상태, 가족관계, 유전적 문제점, Life Style, 식습관, 운동습관, 피부 관리 습관, 사용 중인 화장품, 알레르기 유무, 성격 등의 상세한 정보를 수집하여 식별한다. 구체적인 사항을 체크하고 고객의 입장에서 쉽게 대답할 수 있도록 배려한다.

### (2) 촉진법

피부결, 피부 탄력, 피부 두께 등을 손으로 직접 만져서 식별하는 방법이다. 피부 예민성의 정도를 관찰할 수 있고 유·수분의 함량을 관찰할 수 있다. 객관적인 상황에서 촉감을 통한 피부 판별법으로 만져보거나 눌러봄으로써 판독하는 방법이다.

### (3) 견진법

피부결, 피부보습 상태, 피지분비 상태, 피부 두께, 트러블 유무, 예민도 파악, 여드름 상태 및 색소침착상태 등 피부 상태를 눈으로 관찰하거나 검사기구를 이용해 식별하는 방법이다. 피부분석기기 및 확대경 등을 이용해 피부색, 피부조직의 입자, 모공의 크기, 피부 투명도, 모세혈관 확장 정도를 체크할 수 있다.

**피부분석기기**

- 우드램프
- 모니터 피부 분석기
- 확대경
- 더모스코프 Dermoscope
- 유수분 측정기
- 편광검사
- PH 측정기
- 조직검사

## 평 가

1. 피부타입 중 표피 수분부족 건성피부와 진피 수분부족 건성피부를 비교 설명하시오.

2. 피부타입 식별법 세 가지를 설명하시오.

## 해답 & Tip

**1** 지루성 피부 Seborrhea oleosa 는 피부가 알칼리성을 띠어 세균에 대한 저항력이 약하며 모낭벽의 각화가 빠르게 일어나고 전체적으로 모공이 크다. 유전적인 내분비계의 영향으로 인해 피지가 과잉분비되어 피부 표면에 기름기를 만들어 항상 번들거리는 피부 형태이다.

건성 지루피부 Seborrhea sicca 는 피지분비 기능은 다른 지성피부와 마찬가지로 과다 분비되지만 수분이 부족하여 피부표면에 당김 현상이 일어나는 피부유형이다. 여러 가지 외 · 내적 요인과 환경적 요인 등에 의해 나타날 수 있으며, 얼굴 부위 중 이마와 코 부위(T-zone)에 많이 나타난다. 지루성 피부에 비해 저항력이 약해 여드름 발생률이 높은데 이때 치유하는데 시일이 걸린다.

**2** 피부타입 식별법 세 가지는 문진법, 촉진법, 견진법이 있다.

문진법은 상담자가 고객과의 상담 및 문진표 작성을 통해 분석하는 방법이며, 촉진법은 피부결, 피부 탄력, 피부 두께 등을 손으로 직접 만져서 식별하는 방법이다. 견진법은 피부결, 피부보습 상태, 피지분비 상태, 피부 두께, 트러블 유무, 예민도 등의 피부 상태를 눈으로 관찰하거나 검사 기구를 이용해 식별하는 방법이다.

CHAPTER

# 03 피부질환에 따른 메디컬 치료 및 메디컬 스킨케어

## 1. 여드름 피부

여드름은 모낭 옆에 붙어 있는 피지선에 의해 발생하며 과다 분비되는 피지가 피부 밖으로 배출되지 못하고 모공 내에 축적되어 만성염증성 질환으로 피부 구조가 괴사되는 상태를 말한다. 정체된 피지는 세균과 결합하며 모공 속 각질 탈락에 문제가 생겨 여드름으로 진행된다. 이러한 여드름의 원인을 알고 치료 방법을 이해하도록 한다.

### 1) 여드름 피부 Acne skin

#### (1) 정의

털 피지선 샘 단위의 만성 염증질환으로 모낭 속에 고여 딱딱해진 피지 면포, 1cm 미만 크기의 솟아오른 피부병변 구진, 고름물집 등 다양한 피부 변화가 나타나며, 이에 따른 후유증으로 오목한 흉터 또는 확대된 흉터를 남기기도 한다. 피지가 분비되는 얼굴, 목, 가슴, 등, 어깨 등에 막힌 털구멍 개방 면포와 폐쇄 면포, 뾰루지, 깊은 종기 낭종 또는 결절 등이 발생하는 피부질환이다.
여드름은 주로 사춘기에 발생하며, 사춘기 청소년의 85%에서 관찰된다. 남자는 15세와 19세 사이에, 여자는 14세와 16세 사이에 발생 빈도가 높다. 청소년기 이후 20대 전후에 증상이 심해질 수도 있으며, 30대와 40대 등 성인에게 나타나는 여드름을 성인 여드름이라고 한다. 일반적으로 여드름은 치료를 하지 않아도 보통 수년 후에 없어지지만, 적절한 치료를 하지 않을 경우 영구적인 흉터를 남길 수가 있으며, 성인 여드름은 청소년기보다 흉터를 남길 확률이 높아 조기 치료가 중요하다.

## (2) 원인

정확한 원인은 밝혀져 있지 않으나 한 가지 원인보다는 여러 원인이 복합적으로 작용한다. 여드름은 여성과 남성 모두에게 있는 남성호르몬에 의해 활성화되는데, 사춘기 동안 증가된 남성호르몬은 피부의 피지선 피부 기름샘 을 커지게 한다. 사춘기에 남성호르몬의 과잉으로 피지선의 분비가 왕성해지고 모낭의 상피가 불완전하고 미숙한 각질화를 보이는 비정상적 각질화 이상각화증 를 일으켜 모낭이 막혀서 여드름의 기본 병변인 면포 comedone 가 형성된다.

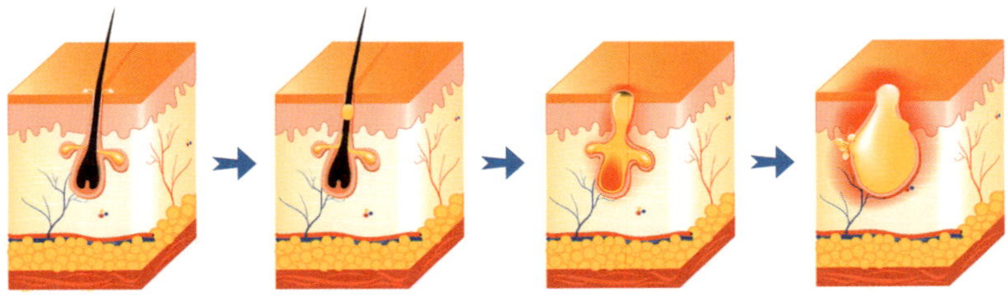


여드름의 발생과정

모낭 내에 상주하는 균인 프로피오니박테리움 아크네스 Propionibacterium acnes 는 지방분해효소를 분비하며, 피지 중의 중성지방을 분해하여 유리 지방산을 형성한다. 형성된 유리 지방산은 다시 모낭을 자극하여 모낭벽을 터트려 피지, 세균, 탈락된 세포들이 피부로 방출되어 홍반, 부종, 고름, 즉 뾰루지를 생기게 한다.

여드름 발생에 가족력이 있다는 것은 잘 알려져 있으나, 이의 정확한 유전 양식은 아직까지 확실하지 않다. 또한 화장품의 여러 성분이 여드름 발생의 원인이 될 수 있으며, 과도한 세제, 비누의 사용도 여드름의 악화 원인이 될 수 있다.

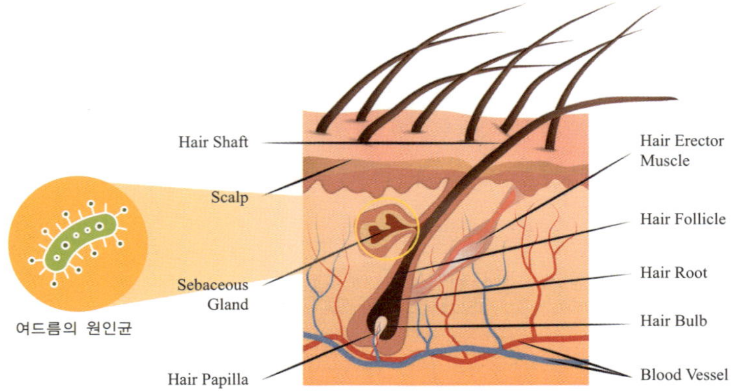


피지선의 해부학적 구조와 여드름 원인균

성인 여드름 역시, 여드름과 마찬가지로 정확한 원인이 밝혀져 있지는 않지만, 여드름균의 집락 및 피지 분비의 증가와 함께 유전적·환경적 요인 등이 관여하는 것으로 알려져 있다. 또한 지나치게 기름이 많거나 털구멍을 밀폐시키는 화장품, 마찰이나 기계적인 자극, 스트레스, 지나친 땀 등이 여드름을 만들거나 악화시킬 수 있다.

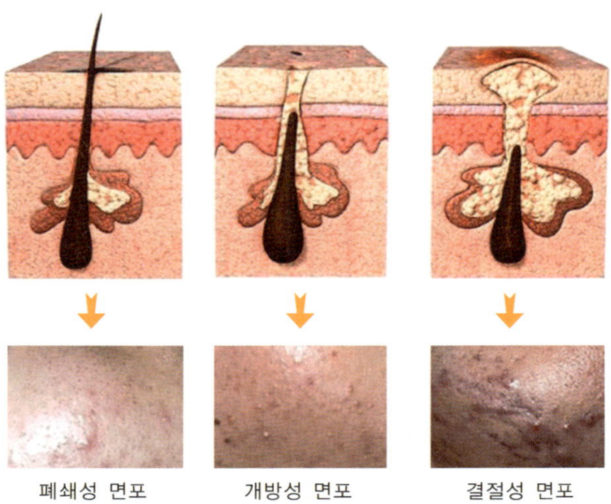


여드름 병변의 형태

### (3) 치료

여드름 치료의 목적은 새로운 여드름의 발생을 막는 것이며, 증상이 좋아지는 데는 시간이 필요하므로 꾸준한 관리가 요구된다. 그러나 6~8주간의 치료를 꾸준히 했음에도 불구하고 여드름이 좋아지지 않는 경우에는 치료 방법을 변경하는 것이 좋다.
여드름 치료는 일반적으로 증상의 중증도에 따라 치료방법이 달라진다. 크게 바르는 약, 먹는 약, 외과적 치료로 나눌 수 있다.

#### ① 외용약

바르는 약은 경증 혹은 중증의 여드름에 주로 사용된다.

㉠ 클린다마이신 clindamycin, 에리스로마이신 erythromycin

비타민 A를 변형시켜 만든 약제로 항균작용, 국소도포 항생제

㉡ 트레티노인 tretinoin, 아답팔렌 adapelene

각질을 벗겨내 피지 배출이 잘 되도록 하는 피부재생 연고

㉢ 벤조일 퍼옥사이드 benzoyl peroxide

항염증작용과 면포 용해작용이 있는 항균제제 여드름 연고

최근에는 이들 성분이 두 가지 이상 혼합되어 있는 복합제 등이 많이 사용되고 있다. 바르는 약을 사용하게 되면 피부가 건조해지고 각질이 일어날 수 있으므로, 잦은 비누 세수나 기계적인 마찰, 문지르는 행위 등은 피해야 하며 세안 후에는 충분한 보습이 필요하다. 또한 치료 전에 피부과 의사에게 올바른 사용법과 부작용에 대하여 상담 받도록 한다.

#### ② 내복약

중등도나 중증의 여드름에는 먹는 약이 주로 사용되며 경구용 항생제와 비타민 A 유도체인 레티노이드 retinoid 가 있다.

㉠ 항생제

항생제는 직접적으로 모낭 내 여드름 균 Propionibacterium acnes 을 감소시키고 염증반응을 줄여서 홍반을 감소시킨다. 특히 가슴이나 등 부위에 염증성 병변이 있는 경우에 효과가 있다. 경구용 항생제를 장기간 사용하면 설사, 장염 등이 발생할 수 있으며, 수유 중이거나 임신 중인 여성인 경우 의사와 상의한 후 항생제를 사용해야 한다.

ⓐ 테트라사이클린 tetracycline : 광과민성 photosensitization, 신부전환자, 12세 미만에게는 사용이 금지되어 주의를 요한다.

ⓑ 에리스로마이신 erythromycin : 테트라사이클린을 사용하지 못하는 경우에 사용 가능하다. 임산부가 소아의 사용에도 비교적 안전하나 위장 관련 부작용이 있다.

ⓒ 미노사이클린 minocycline : 바르는 항생제와 복합 치료 시 많이 사용되며, 임산부나 12세 이하에게는 처방하지 않는다.

㉡ 레티노이드 retinoid

ⓐ 로아큐탄 Roaccutane® : 비타민 A를 변형시켜서 만든 레티노이드 제제로 피지 조절제이며, 여드름 발생에 관련하는 이상각화, 염증반응, 세균증식 등 여드름 발생의 대부분의 발생 경로를 차단하는 데 도움을 준다. 그러나 가임기 여성에게 태아 기형을 유발할 수 있어 약물 투여 시작 1개월 전부터 투여 중지 1개월 후까지는 반드시 피임을 요하며 의사와 충분한 상담과 처방이 요구된다.

㉢ 피임약

경구피임제 Oral contraceptive 는 에스트로겐과 코티손의 복합제로 부신에서 생성되는 남성호르몬을 억제하는 작용을 하여 피지분비를 감소시켜 여드름 증상을 완화시킨다. 그러나 유방암이나 자궁암 병력이 있는 경우 피임약 복용을 삼가해야하며, 과도한 흡연이나 비만, 잦은 두통, 간 또는 신장 질환 시에도 피임약 복용 전에 의사와 상담하도록 한다.

### ③ 외과적인 치료

㉠ 스테로이드 주사요법

크게 곪은 여드름은 보기에도 흉하지만 흉터로 남을 가능성이 많으므로 주사요법을 이용하여 흉터 발생을 줄여준다. 심한 염증성 병변으로 피부가 딱딱해졌을 때는 병변 부위에 희석한 트리암시놀론 Triamcinolone 을 직접 주입하여 증상을 완화시킨다. 피부가 위축될 수 있는 부작용이 있지만 6~12개월이 지나면 대부분 회복 된다.

㉡ 압출치료 Comedo Extraction

비위생적으로 여드름을 만지거나 짜면 약해진 기름샘 벽이 무리하게 파괴되어 염증증상이 악화되어 흉터를 남기게 된다. 따라서, 피부과에서는 개방성 혹은 폐쇄 면포들을 짜는 압출치료를 한다. 압출치료는 모공 입구를 깨끗이 클렌징 한 후 따뜻한 수증기로 모공을 넓히고, 특수한 기구 코메도, 니들, 면봉 등 나 $CO_2$레이저로 여드름을 압출한다.

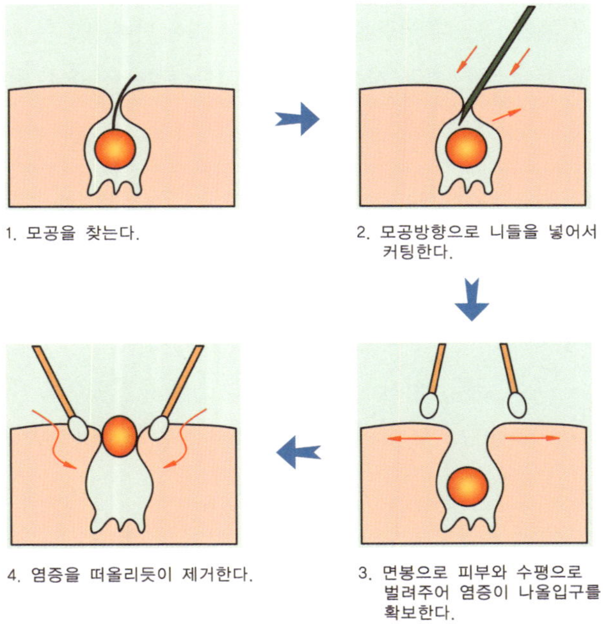


여드름 짜는 방법

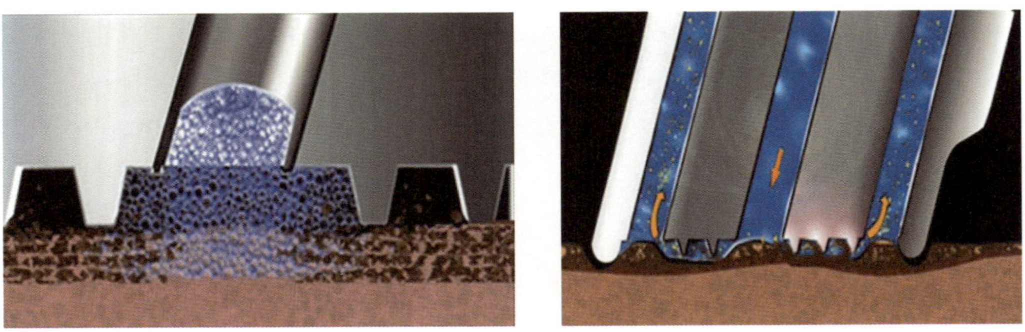

아쿠아필(모공청소기)

㉢ 스킨 스케일링

피부의 상태에 따라 약물을 이용하여 각질층의 바깥부분을 벗겨내는 치료로 화학 박피의 일종이다. 넓게 퍼져 있는 여드름은 화학 박피술로 모공을 막고 있던 각질과 피지를 제거하여 피지 배출을 원활하게 하여 모공 내 염증을 가라앉힌다. 또한 다른 바르는 제재의 피부 흡수를 증가시켜 약제의 효능을 높여주며, 다른 시술과 병행이 가능하다. 시술이 간단하며 통증이 거의 없으며, 시술 후 일상생활에 지장이 없다.

ⓐ A.H.A 필링 Alpha Hydroxy Acid peeling : A.H.A는 여러 가지 과일, 사탕수수 등에서 쉽게 구할 수 있는 과일산인 천연추출물로 농도 조절이 자유롭고 안전하며, 베이스를 다양하게 적용하여 스케일링 중 가장 널리 사용되고 있다. 피부 표면의 각질을 정돈하고 잡티 및 건조함을 개선해주는 효과가 있으며 중성과 건성 피부에 적합하다.

- G.A Glycolic Acid : 글리콜린산 Glycolic Acid 은 A.H.A의 일종으로 가장 입자가 작아 피부 침투율이 뛰어나다. 저농도 5~10% 는 각질제거, 피부 보습 효과가 있고, 고농도 50~70% 는 세포 간의 결합을 파괴시켜 각질층과 표피 일부를 탈락시키는 효과가 있다. 여드름, 색소 기미, 잡티, 노화, 건조 피부에 적용할 수 있다.
- M.A Malic Acid : 능금산이라고도 불리며 사과, 복숭아 등에서 추출하며 단독 사용보다 화장품의 pH 조절, 천연 방부제, 미용 각질제 등으로 함께 사용된다.

ⓑ B.H.A 필링 Beta Hydroxy Acid peeling : 살리실산이라고 불리는 B.H.A는 화학 박피타입으로 제스너 용액 Jessner's Solution 의 구성 성분과 세안제로도 많이 사용되고 있다. 살리실산은 지질에 친화력이 있어 모공 속까지 침투하여 모낭 안쪽의 각질과 블랙헤드를 제거해주는 효과가 있으며, 중·지성 피부, 여드름 치료, 미백, 피부를 윤택하게 하고 잔주름에 효과가 있어 많이 사용된다.

| AHA | BHA |
|---|---|
| 수용성 각질제거제 | 지용성 각질제거제 |
| 중성/건성 | 중 · 지성/복합성/여드름성 피부 |

ⓒ TCA 필링 Trichloroacetic Acid peeling : 삼염화아세트산 필링 : TCA는 아세틴산의 일종을 단백질을 응고시켜 변성시키는 특징을 가지며 표피와 진피 상부까지 작용하여 노화된 각질을 제거하여 여드름과 피부탄력 개선 효과가 있다. 진피내 침투는 표피의 두께에 따라 다르며 피부에 바르며 프로스팅 Frosting : 하얗게 일어나는 반응 이 생기는 것을 관찰해야 하며 프로스팅을 보고 필링이 완성되었음을 알 수 있고 후에 조직의 변화에 따라 조절하여 시술 할 수 있다. 피부 상태에 따라 다양한 농도의 TCA가 사용된다.

ⓓ 해초 필링 Sea Herbal Peeling : 해초는 미네랄과 무기염류와 알긴산 등이 풍부하여 피부의 상처 회복과 재생에 도움을 주며, 보습기능과 항노화 효과가 있다. 따라서 깊은 바다에서 추출한 천연 해초가루를 활성용액과 섞어 마사지를 하면 피부의 죽은 세포와 침착된 세포를 벗겨피부를 촉촉하고 투명하게 하는 필링효과를 나타낸다.

마사지하는 시간과 정도에 따라 필링의 깊이가 달라지며, 시술을 받은 후 2~3일 후부터 각질이 벗겨지기 시작해서 일주일이 지나면 거의 다 벗겨진다.

여드름, 여드름 자국, 넓은 모공, 색소침착, 노화피부에 적용하며, 시술 후에는 반드시 자외선차단제와 보습제를 바르고, 각질은 자연적으로 떨어지도록 해야한다. 단순포진이 있었던 사람은 반드시 항바이러스제를 복용해야 한다.

㉢ 광역동 치료 PDT : Photo Dynamic Therapy

빛에 반응하는 물질인 광과민제를 피부 도포 1~2시간 후 특정 파장의 빛을 쏘여 광과민제를 활성화시키면 피지선과 모공 속의 여드름 균을 선택적으로 파괴하고 피지선 분비를 억제하며, 동시에 각질을 제거한다. 피지 배출을 원활히 하여 여드름 염증을 완화시키고, 모공 축소, 블랙헤드 제거, 홍조 개선에 효과가 있다.

폴라리스 Polaris®, 씨너지 Synergy®, 브이빔 V-beam®, 아라미스 Aramis® 등의 레이저를 이용하여 여드름을 치료하기도 한다.

### ④ 메디컬 스킨케어

여드름 상태, 치료 단계에 따라 관리 방법 및 단계는 생략, 변경될 수 있다.

㉠ 클렌징 단계

㉡ 딥클렌징 단계

ⓐ 효소 Enzyme, AHA, 스크럽, 고마쥐

ⓑ 피부미용기기 스크러버 Scrubber : 초음파를 이용한 클렌징

ⓒ 디스인크러스테이션 Disincrustation : 이온영동법의 음이온 음극을 이용하여 각질제거와 모공 속 노폐물을 제거

㉢ 스케일링 단계

ⓐ A.H.A 또는 B.H.A 필링

ⓑ TCA 필링

ⓒ 해초 필링

ⓓ 광역동 치료

㉣ 여드름 추출 단계

ⓐ 압출기 기구 코메도, 니들, 면봉 등

ⓑ $CO_2$ 레이저

㉤ 피부미용 기기 단계

ⓐ 초음파 Ultrasonic : 진정 · 보습 관리

ⓑ 냉동요법 : CRYO 매개물을 −5~0℃로 냉각시켜 롤러를 이용하여 피부에 투과하여 여드름 진정 및 피 부 재생 모세혈관 치료

ⓒ 컬러테라피 : BTT He-Ne, LED, 바이옵트론 관리 등 여드름 부위 진정 및 항염, 재생 효과, 성분 침투 효과

㉥ 팩 및 마스크 단계

㉦ 마무리

토너정리, 지성&여드름 피부 전용 세럼 또는 크림, 자외선차단제

## 2) 모공 Pore

### (1) 정의

피부 속에서 분비되는 피지와 노폐물을 배출하는 통로를 말하며, 영양 물질의 흡수 경로이기도 하며 털이 나오는 입구이다. 모공의 지름은 약 0.02~0.05mm로 피부 $cm^2$당 100~120개의 모공이 분포하며 얼굴에는 약 2만 개의 모공이 있다. . 콧등이나 콧망울에 점 같은 검은 피지를 블랙헤드(black head)라고 하는데, 이것은 모공 속에 쌓인 피지가 공기와 접촉되어 산화되거나 먼지와 메이크업의 노폐물이 달라붙어 검게 변한 것이다. 여드름이 많은 지성 피부에 주로 많이 일어나지만 자연적인 노화로 인해 피부가 처지면서 모공이 커지기 때문에 일어나기도 한다.

### (2) 모공 확장의 원인

내 · 외적인 스트레스, 과다한 피지분비로 인한 염증성 피부질환으로 인해 피부탄력이 저하되어 모공이 확장된다.

## 3) 여드름 흉터 피부 Acne Scar

패인 흉터 융기 흉터, 오목 흉터 는 여드름을 방치하거나 잘못 짜서 염증이 심해져피지가 피부 안쪽으로 터지게 되어 피부가 울퉁불퉁해지거나 흉터가 남게 되는 것이다. 여드름을 억지로 짜면 강한 자극이 피부층의 모세혈관을 파열시켜 붉은 자국이 남거나 예민 피부, 흉터를 남기게 된다. 여드름 흉터는 다른 흉터에 비해 흉터가 깊게 패여 있으며, 가장자리가 매우 날카롭다. 피부 손상이 광범위하며 흉터끼리 서로 연결되어 흉터 바닥이 지방층까지 연결되어 있는 경우도 있다.

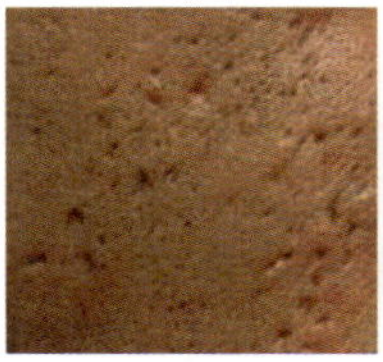

Ice pick scar
좁고 깊은 흉터

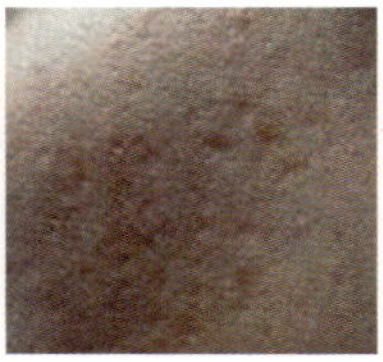

Boxcar scar
넓고 깊은 흉터

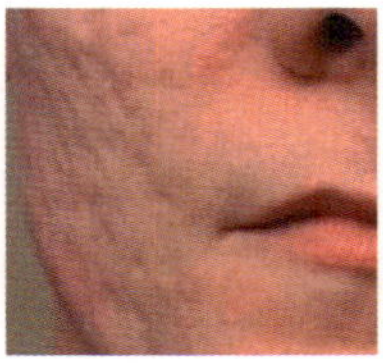

Rolling scar
넓고 둥근 원형 또는 타원형의 함몰된 흉터

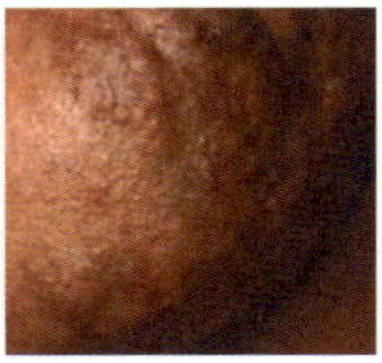

Hypertyophic scar
정상적으로 보이는 피부 내의 진피가 뭉쳐 생긴 흉터

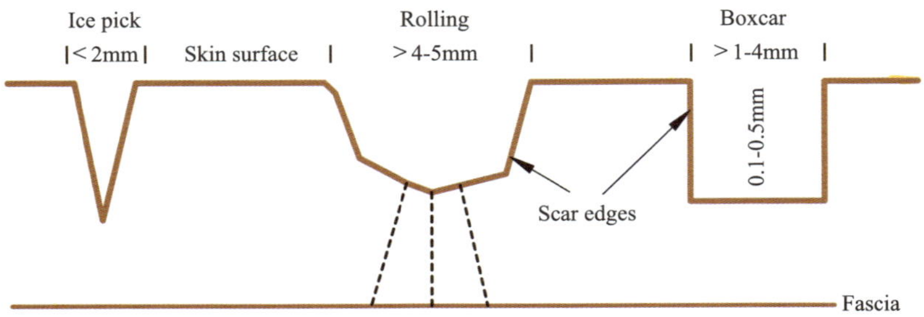


여드름 흉터의 종류

### 4) 모공과 여드름 흉터의 치료

모공과 여드름 흉터를 치료하는 방법은 여러 가지가 있지만 만족할 만한 효과와 치료기간의 단축을 위해 복합적인 관리가 필요하며, 한 번의 시술로 높은 효과를 내기는 어렵기 때문에 꾸준한 치료를 요한다.

#### (1) 화학 박피 크로스 요법 CROSS : Chemical Reconstruction Of Skin Scars

크로스 요법은 화학적 피부 재생술이다. 크로스 요법에 사용되는 TCA 농도는 80%이상을 사용한다.

##### ① 도트 필링 Dot peeling

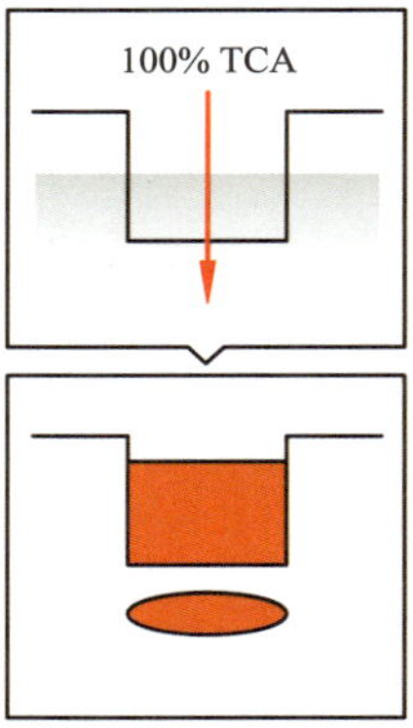


TCA 용액을 살짝 찍어 넣어 파인 부위의 흉터를 메꿔주는 방법으로 여드름 흉터, 수두자국, 상처로 인한 위축성 흉터, 깊은 모공 등 피부의 함몰된 부위를 국소적으로 피부를 재생 시키는 방법이다.

화학박피술은 흉터의 깊이에 따라 일정한 간격으로 반복 치료 할 수 있으며, 상태에 따라 횟수와 간격이 달라진다. 흉터만을 부분적으로 치료하는 방법, 얼굴 전체를 흉터 부위 중심으로 치료하는 방법, 레이저 피부 재생술 후에도 깊게 남아 있는 흉터의 치료 등에 이용하는 방법이 있다.

## (2) 레이저 박피 Laser peeling

### ① 프락셔널 레이저 듀얼 프락셀, 딥 Fx, 아이콘 X

미세한 광선인 레이저 에너지를 표피를 통과해서 진피층 깊은 곳까지 전달시켜 피부의 결과 속을 동시에 치료해 주는 미세박피이다. 또한 마이크로 단위로 피부를 박피하기 때문에 시술 후 지속적인 치료 없이 빠른 재생과 뛰어난 효과를 기대할 수 있다.

표피층의 잡티와 색소 세포는 물론 잡티를 생성시키는 멜라닌 세포를 파괴하며, 진피층의 콜라겐을 수축, 생성시켜 피부탄력과 잔주름을 개선시키고, 넓은 모공 수축, 수술 흉터 및 여드름 흉터 등을 개선해 줄 수 있다.

㉠ $CO_2$ Fracyional : Active Fx, Deep Fx

㉡ Erbium Glass Fracyional : Dual Fx, Icon X

㉢ RF Fracyional : Fractora, Intracell

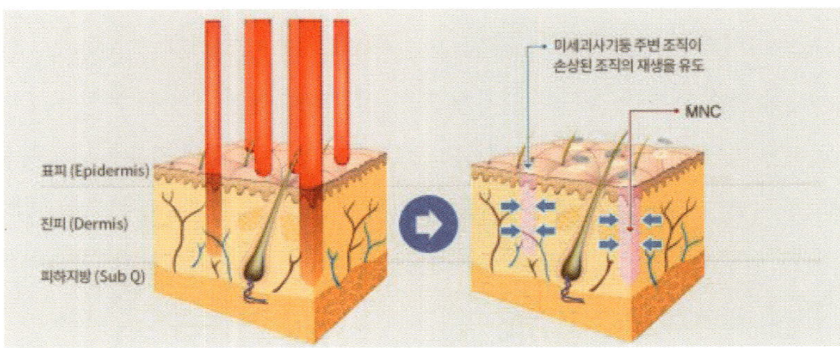


프락셔널 레이저

### ② 피부 재생 레이저

피부 재생 레이저는 수술하지 않는 방법으로 폴라리스, 타이탄 Titan®, 제네시스 Genesis® 등이 있으며, 단독 시술보다는 흉터의 모양과 분포에 따라서 크로스 요법, 브이빔 혈관 레이저 요법 등과 복합적으로 시술하는 경우가 많다. 진피층의 콜라겐 생성을 자극하여 피부 재생을 도와 피부 탄력을 증진시킨다.

㉠ 울쎄라 : 큰 모공과 두꺼운 피부, 여드름 흉터 치료에 사용된다.

㉡ 써마지 : 늘어진 모공과 탄력이 떨어진 피부에 사용된다.

㉢ 벨로디 : 레이저 박피와 프락셔널 레이저 후 병합 치료에 사용된다.

초음파 장비인 울쎄라, 고주파 장비인 써마지, 간질성 Interstital 레이저인 벨로디를 병행 치료하면 결과가 효과적이며, 흉터의 종류와 중증도에 따라서 적용범위가 달라진다.

### (3) 필러 filler

필러란 함몰 부분을 채워주는 시술이다. 주름, 함몰된 부위, 여드름 흉터, 얼굴 윤곽 등을 개선 또는 교정하기 위해 외부 물질을 피부나 피하지방층에 주입하여 주는 것이며, 주름 개선이나 미용 목적 등으로 다양하게 사용된다. 콜라겐 collagen, 히알루론산 hyaluronic acid 으로 이루어진 레스틸렌 Restylene®, 자가지방, 실리콘 silicone 등이 있으며, 시간이 지나면서 체내에서 분해되어 흡수된다. 유지 기간은 필러의 종류, 시술 부위의 움직임이나 개인차에 따라 차이가 있으며, 보통 6개월에서 2년 정도이다.

### (4) 흉터 치료

질병이나 손상에 의해 피부에 창상이 생기게 되면 일련의 복잡한 과정을 거쳐 치유가 진행되며, 흉터는 이러한 창상 치유 과정에서 진피와 심부에 생긴 결손을 메우는 새로운 결합조직의 생성으로 생기게 된다. 비후성 흉터와 위축성 흉터로 크게 나눌 수 있으며, 비후성 흉터는 흉터섬유의 과다 형성에 의해 발생하여 피부 융기 현상이 나타나고, 위축성 흉터는 진피 내 아교질의 소실 및 섬유화로 정상 피부에 비해 움푹 파인 형태로 관찰된다.
흉터 치료는 흉터 조직을 절제 후 다시 봉합해 주거나 레이저 치료, 화학 박피, 조직 확장 등 다양한 방법으로 정상 피부조직과 유사하게 만드는 치료법이다.
흉터 절제술은 흉터를 오려낸 다음 봉합하는 방법으로는 크고 깊은 소수의 흉터를 치료하는데 효과적인 펀치 punch 절제술이 있다. 펀치 절제술은 흉터를 주사 마취한 다음 흉터보다 약간 큰 펀치로 흉터 부위를 떼어내는 방법이다. 여드름에 의한 켈로이드 keloid, 상처가 나아감에 따라 새 살이 뭉쳐 딱딱한 혹 상태로 된 것 및 융기 흉터에는 그 부위에 직접 스테로이드 주사를 놓아 치료하기도 하며, 피부를 아주 차갑게 얼리는 냉동요법을 쓰기도 한다.

## 평 가

1. 여드름 메디컬 치료 방법 중 외용약 제재를 설명하시오.

2. 여드름 메디컬 치료 방법 중 내복약 중 '로아큐탄 Roaccutane®'을 설명 하시오.

3. 여드름의 외과적 치료방법 중 '여드름 압출'의 순서를 설명하시오.

4. A.H.A와 B.H.A 필링을 비교 설명하시오.

5. 광역동치료 PDT 를 설명하시오.

6. 도트 필링 Dot peeling 을 설명하시오.

## 해답 & Tip

**1** ① 클린다마이신 clindamycin, 에리스로마이신 erythromycin : 항균작용, 국소도포 항생제

② 트레티노인 tretinoin, 아답팔렌 adapelene : 피부재생 연고

③ 벤조일 퍼옥사이드 benzoyl peroxide : 항염증작용과 항균제제 여드름 연고

최근에는 이들 성분이 두 가지 이상 혼합되어 있는 복합제 등이 많이 사용되고 있다.

**2** 로아큐탄 Roaccutane® 은 비타민 A를 변형시켜서 만든 레티노이드 제제로 피지 조절제이며, 여드름 발생에 관련하는 이상각화, 염증반응, 세균증식 등 대부분의 여드름 발생 경로를 차단하는 데 도움을 준다. 그러나 가임기 여성에서 태아 기형을 유발할 수 있어 약물 투여 시작 1개월 전부터 투여 중지 1개월 후까지는 반드시 피임을 요하며 의사와 충분한 상담과 처방이 요구된다.

**3** ① 모공을 찾는다.

② 모공 방향으로 니들을 넣어서 커팅한다.

③ 면봉으로 피부와 수평으로 벌려주어 염증이 나올 입구를 확보한다.

④ 염증을 떠 올리듯 제거한다.

**4** A.H.A는 여러 가지 과일, 사탕수수 등에서 쉽게 구할 수 있는 과일산이며, 피부 표면의 각질을 정돈하고 잡티 및 건조함을 개선해주는 효과가 있으며 중성과 건성 피부에 적합하다. 살리실산이라고 불리는 B.H.A는 지질에 친화력이 있어 모공 속까지 침투하여 모낭 안쪽의 각질과 블랙헤드를 제거해주는 효과가 있으며, 중·지성 피부, 여드름 치료, 미백, 피부를 윤택하게 하고 잔주름에 효과가 있다.

## 해답 & Tip

**5** 빛에 반응하는 물질인 광과민제를 도포 후 특정 파장의 빛을 쏘여 피지선과 모공 속의 여드름 균을 선택적으로 파괴하고 피지선 분비를 억제하여 피지 배출을 원활하게 해주어 여드름 염증을 완화시킨다. 모공 축소, 블랙헤드 제거, 홍조 개선에 효과가 있다.

**6** TCA 용액을 살짝 찍어 넣어 파인 부위의 흉터를 메꿔주는 방법으로 여드름 흉터, 수두자국, 상처로 인한 위축성 흉터, 깊은 모공 등 피부의 함몰된 부위를 국소적으로 피부를 재생 시키는 방법이다.

## 2. 색소 피부 hyperpigmentation

### 1) 과색소 침착 hyperpigmentatin

색소침착은 피부조직에 침착되는 형태 또는 깊이에 따른 색소침착으로 나타난다. 주로 표피에 있을 때는 갈색, 진피에 있을 때는 청회색, 혼합형일 때는 갈회색으로 나타나며, 대부분 혼합형태로 나타난다. 멜라노사이트는 멜라닌 색소를 만드는 세포로 기저층에 위치하며 피부색을 결정한다.

피부색을 결정하는 것에는 멜라노사이트의 크기와 멜라닌의 양이 중요하다. 따라서 검은 피부는 흰 피부에 비해 큰 멜라노사이트를 지니고 있다. 이러한 멜라닌색소는 피부 방어기전 중 하나이며 자외선으로부터 피부를 보호하며 각질 탈락으로 피부는 다시 돌아오는 역할을 한다. 과색소 침착은 기미, 주근깨, 검버섯과 잡티, 오타모반, 염증후 과색소 침착, 등의 미용적 문제를 일으키게 된다. 따라서 원인을 알고 치료 방법을 이해하도록 한다.

#### (1) 기미 melasma

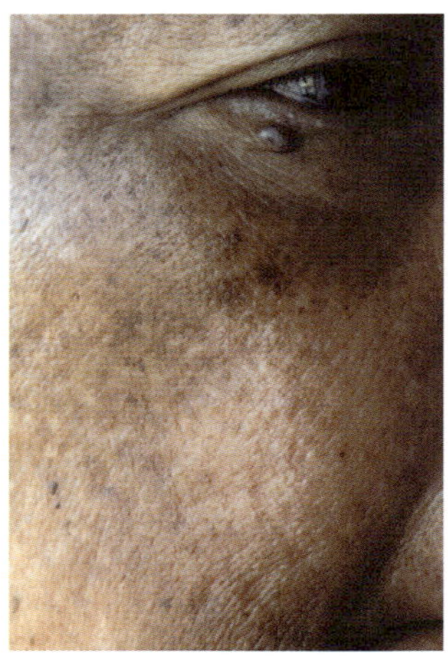

기미

① 정의

주로 좌우 대칭적으로 뺨과 이마, 눈 밑, 코, 윗입술 등에 멜라닌 색소가 침착된 과색소 침착이다. 태양 광선에 대한 노출, 임신, 경구 피임약 혹은 일부 항경련제 등에 의해 악화되며, 다양한 크기의 점이 노출부위, 특히 얼굴에 발생하는 질환이며, 갈색 혹은 청회색 색소 침착이 발생하며 드물게는 팔에도 생길 수 있다.

② 원인

기미는 남성보다는 여성에게 흔한 질환으로 임신한 여성과 피임약을 복용한 여성에게서 볼 수 있고, 난소 질환의 결과로 발생할 수 있다. 또한 태양 광선의 영향으로 여름철에는 진해지고, 겨울철에는 상대적으로 색이 호전되거나 자연 소실되기도 한다.
대부분 원인을 알 수 없는 경우가 많고, 유전적 혹은 체질적인 요인에 의해 발생한다. 기미는 자외선, 여성호르몬, 스트레스 등 영양 부족, 간 기능 이상 등이 악화인자로 작용한다.

③ 치료

㉠ 외용약

ⓐ 자외선차단제와 국소도포제가 있다. 자외선차단제는 과색소 침착을 사전에 예방하는 효과가 있으며, 질환의 상태를 악화시키지 않고 일정 상태로 유지할 수 있다.

ⓑ 국소도포제

- 하이드로퀴논 Hydroquinone : 미백 치료에 대표적인 국소도포제이며, 2~4%를 사용하고 피부에 대한 자극이나 알레르기를 유발하는 특성이 있다. FDA는 안전하고 효과적인 피부 미백제로서 2%를 허용 했으며, 4% 이상 장기간 사용하면 부작용이 나타날 수 있다.
- 레티노산 Retinoic acid : 비타민 A의 유도체로 상피 조직의 성장과 분화를 조절하여 색소 침착된 죽은 세포를 제거함으로써 미백 효과를 준다. 하이드로퀴논과 비타민 A 트레티노인 Tretinoin 0.05~0.1%를 함께 사용하면 치료 효과를 증진시킬 수 있다.
- 아젤레인산 Azelaic acid : 비독성 지방산으로 이상각화를 호전시키고 아젤레인산 15~20%는 미백효과, 여드름 균에 대한 항균효과가 있어 국소도포제로 광범위하게 사용되고 있다.
- 코직산 kojic acid : 멜라닌 생성 억제 성분인 코직산은 티이로시나제 tyrosinase 의 활성을 억제함으로써 하이드로퀴논 다음으로 사용되는 미백제이다. 누룩의 발효를 통해 얻는 물질로 한국과 일본을 비롯한 동남아 지역에서는 미백 화장품의 주요한 성분으로 인정받고 있다.

하이드로퀴논에 알레르기 반응이 있는 사람에게 대체해서 사용이 가능하 며, 화장품의 배합률은 1~4%이다. 여러 가지 성분을 혼합하는 치료가 단일 성분 치료보다 효과가 더 좋은 것으로 알려져 있다.

㉡ 내복약

ⓐ 트라넥사믹애시드 Ttranexamic acid; 트라넥사민산, 트라넥삼산 : 유기산으로 대표적인 기미억제제이다. 항염증, 항알레르기, 지혈효과로 의약에서 사용되는 물질로 지혈제, 편도염, 습진, 두드러기에도 널리 사용된다. 기미치료제로 1일 복용량은 750~1500mg을 3회 분할하 고 보통 3개월간 경구 투여한다.

ⓑ 비타민 C, 글루타치온, L-시스테인 등을 함께 복용하면 높은 효과를 기대할 수 있다.

㉢ 외과적인 치료

ⓐ 레이저 치료

- 레블라이트 토닝 Revlite toning : 기존의 C6 레이저 토닝보다 업그레이드 된 버전으로 에너지를 높이고, 레이저빔을 반으로 쪼개 미세한 간격으로 연속 두 번의 빔이 출력되며, 에너지는 더욱 업그레이드 되었으나 부작용은 최소한으로 줄인 시술이다. 표피성, 진피성, 복합성 등 악성기미나 색소침착으로 인한 불규칙한 피부, 여드름성 염증 후 색소침착 된 피부 등에 효과가 좋다. 피부자극과 손상이 적고 안전하며 짧은 시술시간과 적은 통증으로 시술 후 일상생활이 바로 가능하다.
- 듀얼 프락셀 Dual Fraxcel restore : 1,550nm, 1,927nm의 두 가지 파장 레이저를 통해 진피와 표피 질환을 동시에 치료할 수 있으며, 미국 FDA에서 안정성과 효과를 인정받았다. 기미와 색소치료에 레 블라이트 토닝과 함께 많이 활용된다.

ⓑ 광치료

- IPL Intense Pulsed Light : 레이저와 달리 크세논 섬광램프에서 발생한 넓은 파장대의 복합적인 빛을 직접 이용한 광치료이다. 단일파장으로 이루어진 레이저는 혈관, 주름, 색소, 제모 등 한 가지 피부 결점만을 치료할 수 있으나, IPL은 500~1200nm의 넓은 파장대로 구성되어 있어 다양한 질환을 동시에 치료할 수 있다.

㉣ 메디컬 스킨케어

ⓐ 클렌징 단계

ⓑ 딥클렌징

- 효소 enzyme, A · H · A, 스크럽, 고마쥐
- 피부미용기기 스크러버 : 초음파를 이용한 클렌징

ⓒ 레이저 치료

ⓓ 레이저 치료 후 재생 관리

- 재생 I 비타민 관리 : Iontophoresis ; Ion(+), (−), 비타민 C 투입
- 재생 II 진정 · 보습 관리 : Ultrasonic ; 초음파 젤 또는 알로에 젤 , 재생 앰플 투입

ⓔ 모델링 또는 콜라겐 마스크

ⓕ 마무리 : 토너정리, 재생 세럼 또는 크림, 자외선차단제

## (2) 주근깨 Freckle

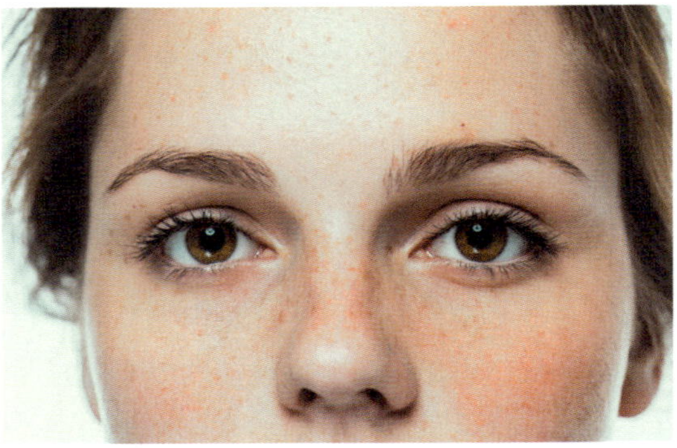

주근깨

### ① 정의와 발병 원인

주로 햇빛에 노출된 부위에 생기는 황갈색의 작은 색소성 반점을 말한다. 주로 뺨이나 팔의 윗부분, 앞가슴, 등 위쪽에 발생하며, 외형적으로는 기미와 구별이 어려운 경우도 많다.

정확한 발병 원인은 밝혀지지 않았으나 유전적 요인이 있고, 자외선에 의해 피부 멜라닌 세포가 자극을 받아 멜라닌 색소의 합성이 증가하여 발생할 수 있다. 백인이 동양인보다 많이 발생하며, 백인 중에서도 특히 금발이나 붉은 머리카락을 가진 사람에게서 흔하게 나타난다.

### ② 특징

5세 이후에 나타나며, 황갈색의 작은 색소성 반점들이 코, 뺨, 손등, 앞가슴과 같이 햇빛에 노출되는 부위에 나타난다. 주변 정상 피부와는 명확하게 구분되는 경계를 가지며, 주근깨의 색깔은 햇빛의 양과 밀접한 관계가 있다. 겨울철과 같이 햇빛이 약한 시기에는 연한 갈색이나 눈에 잘 띄지 않는 흐린 색으로 존재하다가, 여름철이 되면 짙은 갈색으로 변화한다.

### ③ 치료

색소만을 선택적으로 파괴하는 큐-스위치 레이저 루비, 알렉산드라이트 레이저 등 를 이용하여 치료하며, 일반적으로 1~2회 치료로도 80~90% 이상 제거할 수 있다.

### (3) 검버섯 seborrheic keratosis, 지루성 각화증 과 잡티

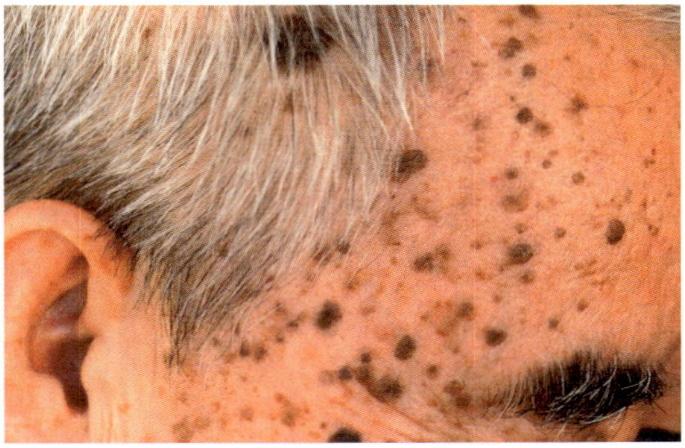

검버섯

#### ① 임상적 특징

광노화로 인해 멜라닌 색소가 과형성되어 나타나는 색소질환으로 검버섯과 잡티가 대표적이다. 검버섯은 지루성 각화증이라고도 하며, 정확한 원인은 발견되지 않았으며 중년 이후 지루 부위인 얼굴, 흉부 등에 많이 발생하며 팔이나 손등에도 나타난다. 일종의 노인성 변화라 할 수 있으며, 경계가 뚜렷하고 색이 명확해 육안으로 진단이 쉬운 편이다. 흑갈색의 융기된 모양이며 레이저 시술 또는 화학박피로 치료가 가능하다.

잡티는 일반인 사이에서 사용되기 시작한 용어로 점, 검버섯, 편평사마귀, 반점, 기미는 아니라는 뜻이며, 기미에 비해 경계가 뚜렷하고 주근깨보다는 크기가 크고 모양이 다양하다.

#### ② 치료

㉠ 지맥스 G-max 레이저 : 지맥스는 레이저 조사와 동시에 냉각가스가 분사되어 피부 깊숙이 침투 하지만 열손상으로부터 피부를 보호해 주어 색소침착 등 부작용이 적다. 재발 가능성이 낮고 치료 횟수를 단축시킬 수 있다는 장점이 있다.

색소질환 치료에 효과가 있는 755nm파장과 혈관에 효과가 있는 1,064nm파장을 가지고 있는 레이저이다.

### (4) 오타모반 Nevus of ota

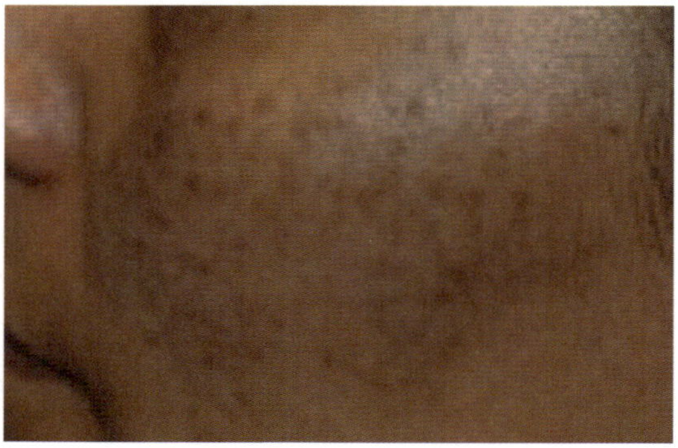

오타모반

#### ① 임상적 특징

진피 내의 멜라닌 세포 증식으로 인하여 얼굴의 3차 신경이 분포하는 눈 주위의 피부, 관자놀이, 이마, 광대뼈 부위와 공막에 청색이나 갈색의 반점이 나타나는 질환이다. 병변은 소아기를 지나면서 점차 색깔이 진해지고 넓어지는데, 멜라닌 세포의 깊이에 따라 표재성의 갈색과 심재성의 청색이 존재하며 이들의 다양한 혼합으로 회청색, 흑청색의 반점이 혼재되며 나타난다. 오타모반은 일생동안 없어지지 않고 지속되며, 레이저 시술로 치료 가능하나 오타모반의 크기에 따라 횟수와 소요시간이 달라질 수 있다.

#### ② 치료

과거에 냉동 요법, 화학 박피술, 전기 건조법 등이 치료에 이용되었으나 효과가 일정하지 않았고 흉터가 남기 때문에 많은 제약이 있었다. 그러나 최근에는 큐-스위치-엔디-야그 Q-Switch-Nd-YAG 레이저, Q-스위치-알렉산드라이트 레이저 등이 탁월한 치료 효과를 보이고 있다.

## (5) 염증후 과색소 침착 PIH : Post Inflammatory Hyperpigmentation

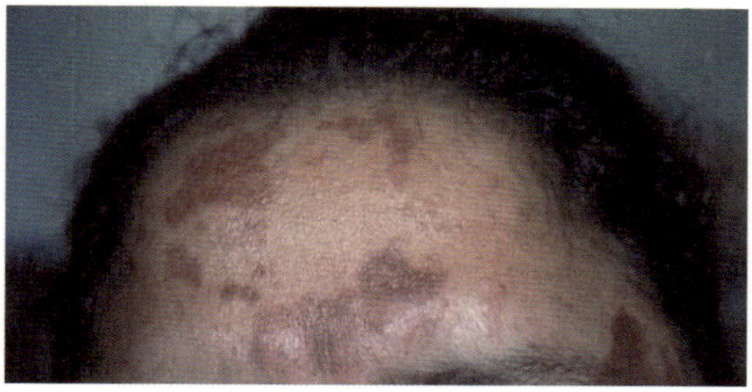

염증후 과색소 침착

### ① 임상적 특징

멜라닌 세포가 염증 과정에 의해 자극이 되어서 많은 멜라닌을 분비하거나, 멜라닌 세포 자체가 증가해서 피부 질환이 발병한 후에 생기는 색소 침착 증상이다. 색소 침착을 남기는 피부질환은 여드름, 아토피 피부염, 건선, 편평 태선 등의 피부 염증 후에 발생하는 병리학적, 생리학적 모든 염증 반응이 PIH를 발생시킬 수 있다.

### ② 치료

염증후 과색소 침착의 치료는 보통 기미 치료와 동일한 방법이 쓰이고 있으며, 염증 과정의 예방과 염증을 최소화하는 것이 중요하다. 치료 약물로는 트레티노인 retinoin, 하이드로퀴논 hydroquinone, 아젤라인산 azelaic acid, 코직산 kojic acid, 글리콜릭 산 glycolic acid 등이 있다. 이 밖에 전기영동을 이용하여 비타민 C를 공급하거나 화학박피, 레이저 등을 시도하기도 한다.

## (6) 점 Pigmented neus

### ① 임상적 특징

점세포가 모여 있는 위치에 따라 표피점, 진피점, 복합점으로 구분할 수 있으며, 점 세포는 멜라닌 세포와 같다고 알려져 있다. 점은 인체에 무해하며, 유년기에는 표피형, 성인이 되면서 진피형으로 성장기 신체 발육에 비례하여 점도 변화된다.

### ② 치료

점 제거 방법은 레이저 시술 또는 전기 건조법, 냉동요법, 화학약품 등이 이용되고 있다.

## 2) 저색소 침착 hypopigmentation

저색소 침착은 크게 선천적으로 생기는 경우와 후천적인 원인에 의해 생기는 경우로 나누어진다. 케라티노사이트로 멜라닌이 전달되는 과정이 차단되어 주위 피부에 비해 상대적으로 표피의 멜라닌이 부족할 때 색소침착 저하증이 생긴다. 소아의 얼굴 등에 흔하게 발생할 수 있는 백색 잔비늘증은 아토피 피부염과 관련이 있는 경우도 있지만 대부분 시간이 지나면 저절로 좋아지며, 피부 연화제 도포 및 보습제를 사용한다.

저색소 침착은 원인에 따라서 치료 방법 및 예후에 차이가 난다.

### (1) 백반증 Vitiligo

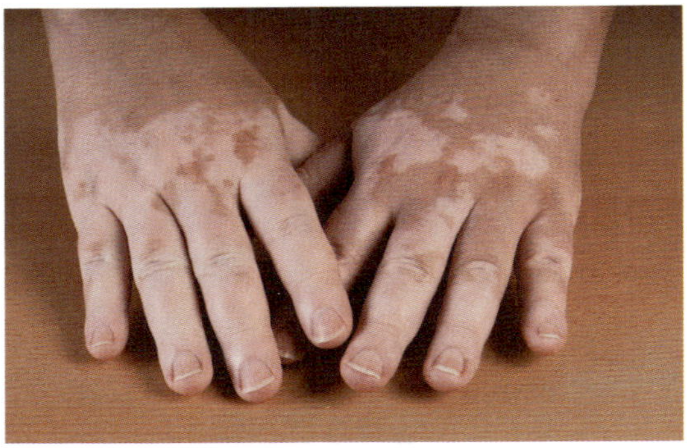

백반증

#### ① 임상적 원인과 특징

정확한 원인은 아직 알려져 있지 않으나 백반증 환자의 약 30%에서 가족력이 발견되기 때문에 유전적 요인이 의심되는 후천적 탈색소성 질환이다.

스트레스, 외상, 일광 화상 등이 백반증 발생에 보조적으로 작용하는 원인으로 알려져 있으며, 큰 발병 원인으로는 자가면역설, 신경체액설, 멜라닌세포 자가파괴설 등이 있다. 다양한 크기의 원형 내지는 불규칙한 모양의 백색의 반점이나 탈색반으로 나타나며, 가려움 등의 증상은 없고 손·발, 무릎, 팔꿈치 등의 뼈가 튀어나와 있는 부위와 눈 주위, 입 주위 등 구멍 주위에 잘 생겨 미용상의 결함이 문제가 된다.

### ② 치료

백반증 치료의 만족도는 높지 못한 편이며, 엑시머 레이저 조사, 자외선 치료, 스테로이드 주사 등 다양한 치료방법이 있고, 안정화된 증상에는 수술적 피부 이식 치료 등 여러 가지 방법이 시도되고 있다.

10세 미만의 어린이거나 증상 부위가 좁을 때에는 국소 스테로이드제 연고를 바르거나 스테로이드 주사로 치료하며, 증상 부위가 넓을 때는 전신 광치료를 한다. 최근에는 단파장 자외선 B narrow band UVB 를 이용하며, 엑시머 레이저 excimer laser 로 불필요한 부위의 자외선 노출을 최대한 줄이면서 증상 부위만을 치료하는 표적 광치료도 사용되고 있다.

## (2) 백색증 Albinism

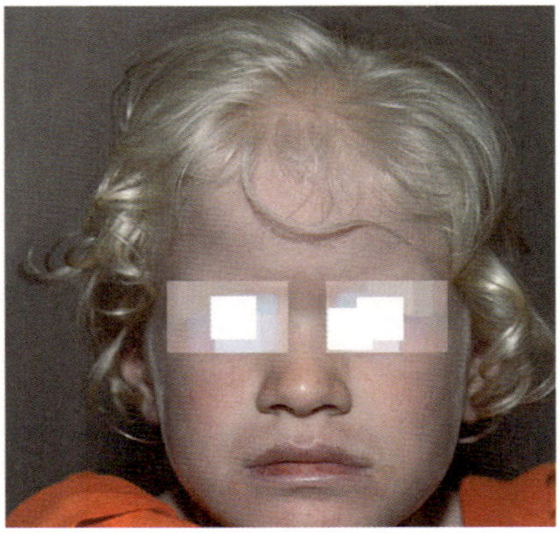

백색증

### ① 임상적 원인과 특징

피부가 건조하고 유백색을 띠는 경향이 있으며, 자외선에 대한 방어능력이 없어 일광화상을 입을 수 있는 선천적 질환으로 기제세포층에 멜라닌 세포는 존재하나 피부, 모발 및 눈 등에서 멜라닌 색소가 결여되어 나타난다. 모발은 하얗고, 눈과 피부색은 핑크색으로 자외선으로부터 보호되어야 한다.

#### ② 치료

백색증을 유발하는 유전성 대사장애는 아직까지 명확한 치료 방법이 없지만 자외선 치료 및 피부 이식 등으로 시도하고 있다. 스테로이드 주사나 냉동 치료를 하면 호전될 수 있으며, 곰팡이 균이 원인이 되어 생기는 저색소 침착에는 항진균제를 투여해야 하며 진균 치료가 모두 끝난 후에도 탈색된 병변이 장기간 지속될 수 있다.

### (3) 염증 후 저색소 침착 Post inflammatory hypopigmentation

염증성 피부 질환 후 또는 화학약품을 사용한 후의 병변 부위가 하얀 반점으로 나타나며, 시간이 지나면 자연소실 된다.

## 평 가

1. 과색소 침착의 기미와 주근깨의 특징을 비교 설명하시오.

2. 색소 메디컬 치료 방법 국소도포제 중 '하이드로퀴논Hydroquinone'을 설명하시오.

3. 색소의 메디컬 치료 방법 중 레이저와 광치료를 설명하시오.

4. 색소의 메디컬 치료 방법 중 '이온토포레시스'를 설명하시오.

## 해답 & Tip

**1** 기미는 주로 좌우 대칭적으로 뺨과 이마, 눈 밑, 코, 윗입술 등에 멜라닌 색소가 침착된 과색소 침착이다. 태양 광선에 대한 노출, 임신, 경구 피임약 혹은 일부 항경련제 등에 의해 악화되며, 다양한 크기의 점이 노출부위, 특히 얼굴에 발생하는 질환이며, 갈색 혹은 청회색 색소 침착이 발생하며 드물게는 팔에도 생길 수 있다. 색소침착의 깊이에 따라 병변의 색깔이 달라지는데 색소침착이 주로 표피에 있을 때는 갈색, 진피에 있을 때는 청회색, 혼합형일 때는 갈회색으로 나타나며, 대부분 혼합형태로 나타난다. 남성보다는 여성에게 흔한 질환으로 임신한 여성과 피임약을 복용한 여성에게서 볼 수 있고, 난소 질환의 결과로 발생할 수 있다. 또한 태양 광선의 영향으로 여름철에는 진해지고, 겨울철에는 상대적으로 색이 호전되거나 자연 소실되기도 한다.

대부분 원인을 알 수 없는 경우가 많고, 유전적 혹은 체질적인 요인에 의해 발생한다. 기미는 자외선, 여성호르몬, 스트레스 등 영양 부족, 간 기능 이상 등이 악화인자로 작용한다.

또한, 주근깨는 주로 햇빛에 노출된 부위에 생기는 황갈색의 작은 색소성 반점을 말한다. 주로 뺨이나 팔의 윗부분, 앞가슴, 등 위쪽에 발생하며, 외형적으로는 기미와 구별이 어려운 경우도 많다.

정확한 발병 원인은 밝혀지지 않았으나 유전적 요인이 있고, 자외선에 의해 피부 멜라닌 세포가 자극을 받아 멜라닌 색소의 합성이 증가하여 발생할 수 있다. 자외선 정확하게 밝혀져 있지는 않다. 백인이 동양인보다 많이 발생하며, 백인 중에서도 특히 금발이나 붉은 머리카락을 가진 사람에게서 흔하게 나타난다. 5세 이후에 나타나며, 황갈색의 작은 색소성 반점들이 코, 뺨, 손등, 앞가슴과 같이 햇빛에 노출되는 부위에 나타난다. 주변 정상 피부와는 명확하게 구분되는 경계를 가지며, 주근깨의 색깔은 햇빛의 양과 밀접한 관계가 있다. 겨울철과 같이 햇빛이 약한 시기에는 연한 갈색이나 눈에 잘 띄지 않는 흐린 색으로 존재하다가, 여름철이 되면 짙은 갈색으로 변화한다.

## 해답 & Tip

**2** 하이드로퀴논 Hydroquinone 은 미백 치료에 대표적인 국소도포제이며, 2~4%를 사용하고 피부에 대한 자극이나 알레르기를 유발하는 특성이 있다. FDA는 안전하고 효과적인 피부 미백제로서 2%를 허용했으며, 4% 이상 장기간 사용하면 부작용이 나타날 수 있다.

**3** 색소 피부의 레이저 치료는 레블라이트 토닝이나 듀얼 프락셀을 많이 이용한다. 레블라이트 토닝은 기존의 C6 레이저 토닝보다 업그레이드 된 버전으로 에너지를 높이고, 레이저빔을 반으로 쪼개 미세한 간격으로 연속 두 번의 빔이 출력되며, 에너지는 더욱 업그레이드 되었으나 부작용은 최소한으로 줄인 시술이다. 표피성, 진피성, 복합성 등 악성기미나 색소침착으로 인한 불규칙한 피부, 여드름성 염증 후 색소침착된 피부 등에 효과가 좋다. 피부자극과 손상이 적고 안전하며 짧은 시술 시간과 적은 통증으로 시술 후 일상생활이 바로 가능하다. 듀얼 프락셀은 1550nm, 1927nm의 두 가지 파장 레이저를 통해 진피와 표피 질환을 동시에 치료할 수 있으며, 미국 FDA에서 안정성과 효과를 인정받았다. 기미와 색소치료에 레블라이트 토닝과 함께 많이 활용된다.

광치료는 IPL을 주로 이용하는데 IPL은 레이저와 달리 크세논 섬광램프에서 발생한 넓은 파장대의 복합적인 빛을 직접 이용한 광치료이다. 일파장으로 이루어진 레이저는 혈관, 주름, 색소, 제모 등 한 가지 피부 결점만을 치료할 수 있으나, IPL은 넓은 파장대로 구성되어 있어 다양한 질환을 동시에 치료할 수 있다.

# 3. 노화피부 Skin aging

## 1) 정의

피부노화는 인간이 나이가 들어감에 따라 점진적으로 신체에 생리적 변화가 일어나 생물학적 기능과 스트레스에 대한 적응 능력이 감소하는 현상이다. 피부에서도 마찬가지로 시간의 진행에 따라 퇴행성 변화나 햇빛에 의해 피부가 본래 가지고 있는 기능의 퇴화된다. 진피 내 콜라겐과 엘라스틴의 양이 감소하거나 손상되어 혈액순환이 악화되어, 피부 탄력이 저하되며 두께가 얇아진다.

따라서, 피부 내부의 기능이 쇠퇴되어 피부 표면에 피부 처짐, 주름, 색소 등이 나타난다.

따라서 피부노화는 내적인 노화와 외적인 노화의 원인으로 구분된다. 이러한 노화의 원인의 요소을 알고 치료 방법을 이해하도록 한다.

## 2) 증상

### (1) 정상피부의 기능과 구조

피부는 표피 epidermis, 진피 dermis, 피하 지방 subcutis의 3층 구조로 되어 있으며 그 속에 모발, 땀샘, 피지샘 등의 피부 부속기를 가지고 있다. 피부는 몸의 가장 바깥에서 체내의 수분, 전해질, 단백질이 소실되는 것을 막아주면서, 체온 조절, 피부의 감각 기능, 면역 기능 등 여러 가지 역할을 동시에 수행하는 신체 건강상태를 잘 표현해 주는 주요 기관이다.

표피는 약 50~100μm의 두께를 가지며 각질층 stratum corneum, 과립층 stratum granulosum, 가시층 stratum spinosum, 기저층(stratum basale 의 다섯 층으로 구성되어 있다. 표피세포의 대부분은 각질세포 keratinocyte 이며, 면역 기능을 담당하는 랑게르한스세포 Langerhans cell 와 피부 색소를 만드는 멜라닌세포 melanocyte 로 구성되어 있다. 정상피부에서 표피세포는 매 28일마다 새로운 세포로 교체되며 각질층은 표피장벽으로 작용하여 수분의 증발과 미생물의 침입을 막아주고 있다.

진피층은 약 2~3mm의 두께를 가지며, 피부 부피의 대부분을 차지하고 있다. 진피의 주요 구성요소는 아교질 collagen 과 탄력 섬유, 그리고 그 사이를 채우고 있는 히알루론산 hyaluronic acid 과 같은 점다당질이다. 피하층은 진피하부에 연결되는 느슨한 구조물로서 체온조절에 관여하고 외부 충격을 완충시키며, 피부를 다른 내부기관에 고정해주고 있다.

### (2) 자연노화 natural aging

유전적 체질에 의해 나타나는 나이가 들어감에 따라 자연스럽게 나타나는 퇴행성 신체변화 즉, 내인성 노화 Intrinsic aging 이다. 인체의 대사과정에서 만들어진 활성산소가 인체에 누적되어 염증반응을 일으켜 피부에 손상을 준다.

### (3) 광노화 photo aging

햇빛에 피부가 노출되면 자외선 UV A, UV B 이 흡수되어 피부 표면과 조직을 손상시킨다. 외부의 환경적 요소인 흡연, 불규칙한 생활습관, 약물복용, 화학물질 등에 의해 만들어진 유해한 활성산소가 피부의 손상을 초래하여 나타난 피부노화로 거친 주름과 색소침착 등을 동반한다.

### (4) 자연노화와 광노화의 차이점

| | 자연 노화 | 광노화 |
|---|---|---|
| 피부의 변화 | 가늘고 얇은 주름<br>탄력 저하<br>표피가 얇아지고 위축<br>건조하나 정돈되어 매끈함<br>각질층 균일 | 두껍고 깊은 주름<br>극심한 탄력저하<br>표피 두께가 증가<br>매우 건조하고 거칠어짐<br>각질층 울퉁불퉁하며, 균일하지 않음 |
| 피부 부속기관의 변화 | 멜라노사이트의 감소로<br>멜라닌 생성 감소 | 멜라노사이트의 증가로<br>멜라닌 생성 증가 |
| 피부조직의 변화 | 진피 내 섬유아세포 수 감소<br>섬유다발의 배열과 굵기의 변화가 있음 | 콜라겐 합성능력저하,<br>엘라스틴 수·굵기 감소<br>섬유다발이 굵어져서 피부가 두꺼워짐 |

### (5) 치료

#### ① 태반 주사 Placenta

태반주사는 태반을 원료로 해서 혈액과 호르몬을 제거한 뒤, 단백질을 아미노산으로 분해하여 주사제로 이용하는 주사요법이다. 각종 성장인자 및 아미노산, 펩타이드 등이 들어있는 태반을 원료로 한 약물 및 제품으로 노화피부 뿐만 아니라 피부과 영역에 광범위하게 사용되고 있다.

주사 기간은 개인에 따라 차이가 있고, 8주 정도가 소요되며 처음 4주는 초기요법으로 나머지 4주는 유지요법이 적용된다.

태반주사의 효과로는 많은 질병의 원인인 활성산소를 막아주어 항노화작용, 갱년기 장애 치료, 통증 개선작용, 피로해소와 간기능 활성화, 피부 미백효과, 피부 보습과 잔주름 개선 등이 있다.

### ② 성장호르몬 주사 Growth hormone

체내 성장 호르몬은 20대 이후부터 매 10년마다 급격히 감소하여 피부 탄력저하, 체지방증가, 골밀도 감소 등이 나타나게 된다. 신체 성장저하의 치료로 사용되어 왔던 성장호르몬은 최근 들어 항노화 요법으로 각광받고 있으며, 적정 농도의 성장호르몬을 투여하게 되면 이러한 노화작용을 막을 수 있어서 치료효과를 나타낸다.

### ③ 마늘주사 Fursultamine HCL

마늘주사는 실제 마늘에서 직접 추출한 성분으로 만든 것은 아니며, 피로회복에 효과가 있는 비타민 B1이 풍부하게 들어있는 종합 영양 주사제이다. 마늘에 많이 있다고 알려진 비타민 B1은 당분을 태우고 에너지로 바꾸기 위해 꼭 필요한 영양소로, 피로 물질인 젖산을 다시 에너지원으로 바꿔주는 작용으로 만성피로, 근력 저하 등에 효과가 있다. 주사를 맞고 난 다음 목 안에서 마늘 냄새가 난다고 해서 '마늘주사'라는 별명이 붙여졌으며 혈관통이 있는 단점이 있다.

### ④ 백옥주사 Glutathione

백옥주사는 글루타치온이라고 하는 성분의 강한 항산화제로 미국 톱가수가 이 주사로 피부톤 개선에 효과를 보았다고 해서 가수 이름이 붙여지기도 하였다. 글루타치온은 각종 독성 물질이나 바이러스의 해독작용을 돕기 때문에 우리 몸의 면역 효소로 멜라닌 색소 활성을 억제하여 미백에 도움을 줄 뿐만 아니라 중금속 해독, 간 해독에도 효과적이며, 강력한 항산화 작용으로 노화방지와 면역력 강화에 도움이 된다고 알려져 있다.

### ⑤ 신데렐사 주사 Lypoaran

신데렐라 주사는 알파 리포산이라는 비타민 C와 E의 400배에 해당하는 항산화력을 가진 항산화제로 신체의 취약해진 부분의 회복을 도와준다. 또한 체내 활성 산소의 증가를 억제하여 인체노화, 특히 피부 노화를 방지해 주는 효과가 있으며 에너지 생산을 촉진하여 체내 열에너지를 만들어 체지방 증가를 막아준다고 한다.

### 3) 주름 Wrinkle

#### (1) 정의

여러 가지 요인에 의해서 진피 속의 콜라겐섬유, 탄력섬유 등에 변성이 일어나고, 피부 수분이 감소하여 피부의 탄력이 떨어져 피부가 접히게 되면서 주름이 만들어지며, 일부 피하 지방이 흡수되어 주름을 더욱 악화시킨다.

#### (2) 임상적 원인과 특징

내인성 · 외인성 요인 등 여러 가지 요인들이 주름과 관련이 있는 것으로 알려져 있다. 주름은 피지분비와 피하지방의 감소로 피부가 건성화 되며 볼륨감이 감소한다. 또한 진피의 콜라겐과 엘라스틴의 감소로 탄력이 저하되며 표정근육의 과다한 움직임으로 표정주름이 형성된다. 중력 또한 영향을 주는데, 중력은 피부를 아래쪽으로 지속적으로 잡아 당겨 늘어지게 만든다.
그 외에도 담배, 유전적인 소인, 피부 색깔 등도 주름 형성에 영향을 준다.

#### (3) 치료

**① 외 · 내용약** 제재

㉠ 비타민 A 레티노이드 : 비타민 A 성분이 들어있는 연고나 크림을 바르면 피부 노화와 잔주름을 줄일 수 있으나, 피부가 붉어지거나 벗겨지는 부작용이 있을 수 있으므로 처음에는 적은 양을 바르다가 조금씩 바르는 양을 늘리거나 농도가 낮은 것부터 사용한다.

㉡ 아데노신 Adenosine : 세포 구성 성분에서 아데닌 Adenine 과 리보스 Ribose 성분이 결합한 화합물로 RNA나 많은 조효소의 구성 성분으로 동 · 식물과 미생물 등 모든 생명체 세포에 존재하는 아미노산 계열의 단백질 성분으로 피부 섬유아세포의 DNA 합성을 촉진하고 진피의 콜라겐 합성을 촉진시키는 작용을 한다. 아데노신은 인체세포 내의 성분으로 피부에 침투 시 안정성과 지속력이 우수한 원료로 빛이나 열에도 안정성을 보유하고 있다. 콜라겐 합성을 촉진하고 핵산의 합성을 증가시켜 탄력 복원 효과로 주름을 완화시키고 세포의 항상성을 유지해준다. 식약처에서 주름개선 기능성 성분으로 고시되어 있는 원료이며 화장품에 0.04%를 첨가하면 주름개선 기능성 화장품으로 인증받을 수 있다.

㉢ 아세틸 헥사펩타이드 Acetyl Hexapeptide 또는 Argieline : 아미노산 복합제로서 신경세포의 자극 전달부에서 근육으로의 신경 전달과정을 차단하여 근육의 수축작용을 저지하는 역할을 하여 주름개선 및 노화방지, 피부탄력에 효과적이다. 아세틸 헥사펩타이드는 신경전달을 일으키는 보톡스 단백질과 유사하므로 흔히 '보톡스 펩타이드'라고도 한다. 비독성 물질로 기존의 보톡스 성분에 의한 알레르기 반응, 얼굴 근육마비, 눈꺼풀 처짐 등 부작용의 우려를 대체할 화장품 성분으로 주목받고 있다.

㉣ 항산화제 비타민 C, E, 베타 카로틴 : 주름은 노화의 한 과정이고 항산화제는 이 과정을 억제하므로, 항산화제는 주름 개선에 효과적이다. 항산화 효과가 있는 비타민 C, E, 베타 카로틴이 들어 있는 도포제나 식품이 주름 개선에 도움이 될 수 있다.

② 외과적인 치료

㉠ 박피 Peeling: 피부를 벗겨내어 피부에 얇게 생긴 주름을 개선시키고, 콜라겐 생성을 촉진하는 등의 효과를 볼 수 있다. 화학 박피술에는 AHA, BHA, TCA, Phenol 등이 쓰인다. 어떤 종류의 약물을 사용하느냐에 따라, 각 성분의 농도에 따라 박피하는 피부의 깊이가 달라진다.

㉡ 보톡스 : 클로스트리듐 보툴리늄 Clostridium botulinum이라는 세균에서 추출한 독소를 이용하여 신경과 근육의 접합부위에 근육을 수축시켜 아세틸콜린의 분비를 차단함으로써 근육을 이완시킨다고 알려져 있다. 주로 눈가나 양미간 사이의 주름, 이마 주름을 대상으로 시술한다. 모든 안면 주름살을 제거할 수는 없기 때문에 다른 치료법과 병용해서 시술할 수 있다.

㉢ 필러 : 주름이 있는 부분을 채워줌으로써 주름을 완화시켜 주는 시술이다. 주입 물질에는 여러 종류가 있으며, 그중에 히알루론산 hyalulonic acid 을 많이 사용한다. 히알루론산은 녹일 수 있는 해독제가 있어 언제든지 수정 복원이 가능하다는 장점이 있다.

㉣ 레이저 : 탄산가스 레이저나 어븀 레이저를 통해서 조직에 열을 가해 정밀하게 피부를 벗겨 촘촘하고 탄력있는 피부를 유도하는 시술이다. 피부 표면을 깎아내서 진피조직의 콜라겐 합성을 증가시키는 방법은 피부 전체를 깎아내면 회복 기간이 길어지는 단점이 있어 후처치가 필요하다. 이러한 점을 보완하기 위해서 프락셀 레이저를 시행할 수 있는데, 프락셀은 단위 면적당 약 300~2000개 정도의 가는 레이저 빛을 피부에 조사하여 눈에 보이지 않는 미세한 박피를 한다.

ⓜ 고주파 써마지, Thermage CPT : 비수술적 리프팅 치료로 고주파 에너지를 이용해 진피 하부 조직까지 열을 주어 새로운 콜라겐의 생성을 유도하여 피부 탄력의 회복을 도와 주름을 개선시킨다.

ⓑ 초음파 울쎄라, Ulthera : 비수술적 리프팅 치료로 울쎄라는 고강도 초음파 에너지를 모아 생기는 고열을 이용해 조직을 응고시키는 HIFU High Intensity Focused Ultrasound 를 사용하며, 수술 없이도 열 응고점을 만들어 늘어진 조직을 응고시켜 피부 리프팅 및 탄력증대 효과를 기대할 수 있다. 또한 기존 레이저 장비가 표피층까지만 도달할 수 있었던 것과 달리 피부 깊은 곳 근막층 SMAS 까지 레이저가 도달할 수 있는 것이 특징이기 때문에 절개 없이도 늘어진 피부를 효과적으로 당기고 주름을 개선할 수 있으며, 시술과정에서 피부 속 구조 관찰이 가능한 장점이 있다.

### (4) 스킨케어

피부 건조가 피부 노화를 일으키고 주름을 만들기 때문에 지속적으로 보습제를 사용하는 것이 좋으며, 자외선차단제의 사용이 강조된다.

## 평 가

1. 자연노화와 광노화의 차이점을 비교 설명하시오.

2. 백옥주사와 신데렐라 주사를 설명하시오.

3. 써마지와 울쎄라를 비교 설명하시오.

## 해답 & Tip

**1** 자연노화는 유전적 체질에 의해 나타나는 나이가 들어감에 따라 자연스럽게 나타나는 퇴행성 신체변화 즉, 내인성 노화 Intrinsic aging 를 말하며, 광노화는 햇빛에 피부가 노출되어 자외선이 흡수되어 피부 표면과 조직을 손상시켜 피부의 손상을 초래하여 나타나는 피부노화로 거친 주름과 색소침착 등을 동반한다.

**2** 노화 및 피부노화에 항노화제를 주사요법으로 활용하는데 태반주사, 성장호르몬 주사, 마늘주사, 백옥주사, 신데렐라 주사요법 등이 있다. 그 중 백옥주사는 글루타치온이라고 하는 성분의 강한 항산화제로 각종 독성 물질이나 바이러스의 해독 작용을 도와 우리 몸의 면역 효소로 멜라닌 색소 활성을 억제하여 미백에 도움을 줄 뿐만 아니라 중금속 해독, 간 해독에도 효과적이며, 강력한 항산화 작용으로 노화방지와 면역력 강화에 도움이 된다고 알려져 있다. 신데렐사 주사는 알파 리포산이라는 비타민 C와 E의 400배에 해당하는 항산화력을 가진 항산화제로 신체의 취약해진 부분의 회복을 도와 인체노화, 특히 피부노화를 방지해 주는 효과가 있으며 에너지 생산을 촉진하여 체내 열에너지를 만들어 체지방 증가를 막아준다.

**3** 고주파 에너지를 이용한 써마지는 비수술적 리프팅 치료로 진피 하부 조직까지 열을 주어 새로운 콜라겐의 생성을 유도하여 피부 탄력의 회복을 도와 주름을 개선시킨다. 초음파 에너지를 이용한 울쎄라는 고열을 이용해 조직을 응고시키는 HIFU High Intensity Focused Ultrasound 를 사용하며, 수술 없이도 열 응고점을 만들어 늘어진 조직을 응고시켜 피부 리프팅 및 탄력증대 효과를 기대할 수 있다. 또한 기존 레이저 장비가 표피층까지만 도달할 수 있었던 것과 달리 피부 깊은 곳 근막층 SMAS 까지 레이저가 도달할 수 있는 것이 특징이기 때문에 절개 없이도 늘어진 피부를 효과적으로 당기고 주름을 개선할 수 있으며, 시술과정에서 피부 속 구조 관찰이 가능한 장점이 있다.

CHAPTER

# 04 메디컬 바디케어

## 1. 바디케어

### 1) 비만의 정의

비만의 용어 'obesity'는 과식을 의미하는 라틴어의 'obed fat away'에서 유래되었다. 비만은 건강과 사회적 기준으로 정의될 수 있으나 항상 동일하지는 않다. 과거에는 질병이 아닌 단순한 증상으로 이해되었으나, 비만이 건강에 위험을 끼칠 정도로 높은 사망률, 심장 질환, 당뇨병, 성인병 등을 유발시키는 촉진제가 될 수 있으며, 치료가 필요한 질병으로 보고 있다. 매우 야윈 사람도 질병 위험이 높지만 비만은 더 위험하다.

전통적인 방법으로는 키와 신장에 대한 정상 체중 범위를 제공하는 도표를 정상 체중과 과체중을 결정하는 기준으로 사용한다. 간단하게 소량의 피부를 잡아 그 두께를 측정하는 피부 두께 측정법과 신체의 다양한 부분의 지방 수준을 측정하기 위해 신체에 해롭지 않은 전류를 보내는 생리 전기 임피던스 측정법 등이 있다. 또한 $kg/m^2$로 정의되는 신체질량지수 BMI 는 과체중을 BMI 25~29.9, 비만을 BMI 30 이상으로 정의한다. 최근에는 신체를 영상화하는 많은 새로운 기술 컴퓨터 단층 촬영, 초음파, MRI, PET 이 체지방의 내용을 평가하는 데 사용된다.

비만은 각 개인의 체질과 에너지 대사속도가 다르고, 생화학적 개별성과 사회적인 요인들이 다양하게 복합되어 있음을 고려해야 한다. 따라서 비만 치료의 접근방식이 모두에게 일반적이지는 않기 때문에 비만의 원인을 크게 외적요인과 내적요인으로 나누어서 살펴보아야 한다.

## 2) 비만의 원인

### (1) 에너지 불균형

체내에서 필요한 에너지보다 과다하게 섭취하거나 섭취된 에너지에 비해 소비 에너지가 적어 체지방이 축적되면서 발생한다. 지방의 지나친 축적은 대사의 이상을 초래하여 성인병의 원인이 되고 있다. 과식형, 폭식형, 편식형, 야식형, 간식형, 음주 과식형, 가공식 과식형, 육류 과식형 등 다양한 형태의 에너지 불균형 비만이 있다.

### (2) 유전적 요인

비만증을 유발시키는 유전인자 specific gene 와 유전적인 비만의 발생 기전에 대해 명확히 밝혀지지 않았으나, 비만한 아동의 60~80%는 한쪽 부모 또는 모두가 비만한 것으로 알려져 있다. 이러한 결과는 비만이 가족성이나 한 가정의 식생활과 밀접한 관련이 있으면서도 유전적인 요인이 크게 작용하는 것을 알 수 있다.

### (3) 환경적 요인

산업구조의 변화와 경제 성장으로 식생활이 서구화되고 활동량이 감소하면서 과체중과 비만 체형의 발생 비율이 높아지고 있다. 이는 사회적 질병으로 간주되며 최근 체중조절 문제가 건강관리의 중요 과제로 대두되고 있다.

### (4) 심리적 요인

스트레스를 받으면 뇌의 식욕중추가 자극되어, 식욕이 충동으로 연결되기 때문에 스트레스가 비만의 큰 요인이 된다.

### (5) 내분비 불균형

식욕은 중추신경에서 신경전달물질, 위장관에서의 호르몬, 식이의 구성분 등 다양한 요인에 의해 조절된다. 중추에서 이루어지는 섭식 조절은 시상하부에 있는 공복중추와 포만중추에 의해 조절되며, 시상하부의 여러 핵들은 서로 유기적으로 신호를 주고받으면서 에너지 균형과 갑상선, 부신 등 대사를 조절하는 내분비 장기를 관장하는 매우 중요한 역할을 한다. 환경 요인, 선천적 인자, 스트레스 등에 의해 이

기전에 문제가 생기면 섭식 장애가 생길 수 있으며, 부신피질기능 항진, 뇌하수체 질환, 당뇨, 갑상선 기능저하 등이 이에 속한다.

### (6) 약물 부작용

스테로이드 호르몬제, 부신피질 호르몬제, 항히스타민제, 피임제 등의 호르몬계들의 약물, 신경안정 등의 부작용으로 인해 몸이 붓고 살이 찌는 현상이 생길 수 있다.

## 3) 비만의 유형

### (1) 소아비만

생후 1년까지 지방세포의 수가 급격히 증가하고 사춘기 이후에 주로 생기는 비만 유형이 소아비만이다. 이러한 소아비만은 현재 지속적으로 증가하고 있으며 요인으로는 외적요인과 내적요인으로 나눌 수 있다. 잘못된 식습관, 스트레스, 운동 부족 등은 중요한 외적요인으로 내적요인에는 유전적요인으로 말한다. 이러한 요인으로 발병할 수 있는 질병은 당뇨병, 심혈관질환과 사회적 문제(자신감 부족, 대인기피, 우울증, 열등감 등)을 들수 있다. 특히 소아비만은 성인비만으로 이어질 가능성이 80% 높으며 대사증후군의 위험을 증가시키고 성인비만과 만성질환 발생, 면역 기능의 감소에 관여하는 위험한 인자이다.

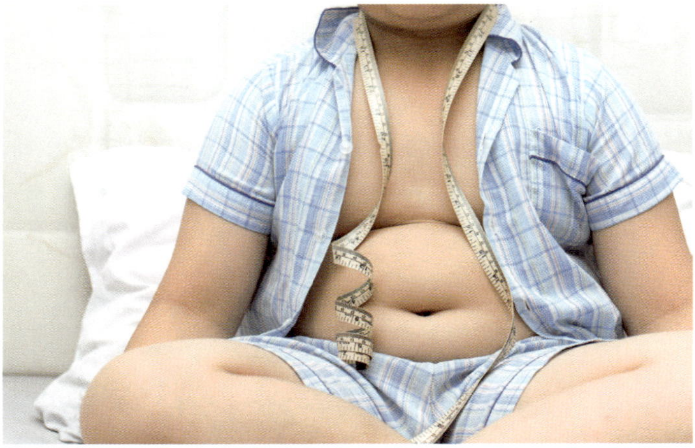

### (2) 성인비만

비만은 체내 지방조직에서 피하지방이 과다하게 축적되어 있는 상태를 말한다. 즉, 신체에 소모된 에너지량이 적어 잉여 에너지가 발생하여 이러한 에너지가 지속적으로 축적되면 체중과잉 또는 비만으로 발전하게 된다. 지방세포의 크기가 커진 유형으로 성인비만이라고 한다. 여성은 둔부, 대퇴부에 대부분 지방이 분포하고 반면 남성은 몸통부위에 주로 분포한다. 비만은 그 자체가 하나의 질병으로 인식되고 있을 뿐 아니라 여러 가지 질병에 노출될 수 있는 가능성을 높이는 것으로 알려져 있다. 대장암, 당뇨병, 담낭질환, 고혈압, 고지혈, 퇴행성 관절질환, 불임 등이 있다.

### (3) 노인비만

노인성 비만은 칼로리 소모와 칼로리 섭취 사이의 조절 불균형으로 인해 이루어진다. 노인이 되면 체중증감 정도에 따라 에너지 섭취량 조절이 쉽지 않으며 노인의 신체구성은 에너지 소모량이 섭취량에 비해 적은 신체구성으로 이루어져 내장 지방형 또는 복부 지방형이 된다. 그리고 피하지방보다 내장지방이 증가를 보이는 노인성 비만에서는 체지방량에  상관없이 중심성 지방 분포로 보인다. 신체구성은 대사율의 감소로 복부지방의 증가가 뚜렷하기 때문에 복부형 비만이라고 한다. 내장지방에서 중성지방을 분비하여 국부적으로 유리지방산의 농도를 높임으로써 당뇨병, 고혈압, 이상지질혈증 등 질병이 발생된다. 이러한 노인성 비만은 인종 간 차이는 없다. 다만 성인비만은 인종간 차이가 있다. 또한 남성은 복강 내 지방이 지속적으로 축적되며 여성은 폐경이후에 축적이 더해진다.

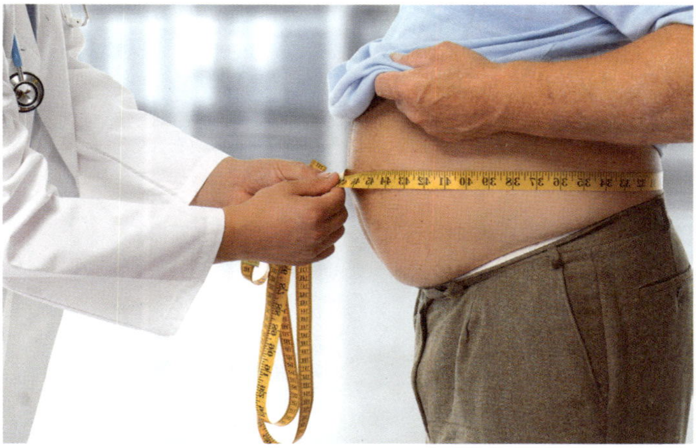

### (4) 셀룰라이트

셀룰라이트 Cellulite 란 용어는 Cellula는 Cell를 의미하고 의학용어인 접미어 –ite가 결합된 단어이며 염증을 의미한다. 셀룰라이트는 피하지방의 지방세포 조직의 염증이라 한다. 셀룰라이트 Cellulite 는 지방에 노폐물과 체액, 조직액이 축적되어 뭉치면서 울퉁불퉁해진 형태로 올라오게 된다. 피하에 축적된 물질로 아랫배, 윗배, 허벅지 안쪽, 팔뚝, 엉덩이, 배꼽 아래 등에서 관찰된다. 이러한 셀룰라이트 Cellulite 는 조직과 조직 사이의 간극에 정체되어 림프순환이 원활하지 못하여 나타난다. 지방세포의 구조적 변화로 혈관의 압박으로 인해 순환장애가 일어난다. 또한 결절과 부종이 발생하여 대사장애가 발생하고 몸매 굴곡의 불균형을 가져오게 된다. 즉 신체의 신진대사과정에서 노폐물과 독성물질이 배출되지 못하면 지방세포와 뭉쳐진 상태로 셀룰라이트가 형성된다. 이러한 결과는 비만과 함께 순환계 질환의 원인으로 작용한다.

셀룰라이트의 영향을 받는 원인으로는 호르몬 불균형, 생리적 피부구조, 운동부족, 동물성 지방, 술, 담배 의 지나친 섭취, 수분부족, 노화 등이다. 이러한 셀룰라이트 형성으로 나타나는 증상은 문제성 피부증상, 미세순환 장애이다.

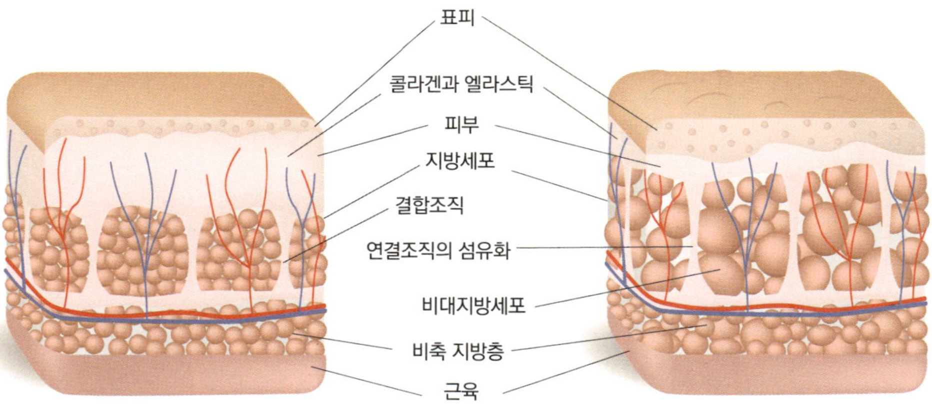

### 4) 비만의 치료

(1 비 약물요법

① 운동요법

운동요법은 체중 감소에 따른 근육량 손실을 줄여주고, 감소한 체중을 유지하는 데 도움이 된다. 비만 정도에 따라 운동의 종류, 운동의 강도, 운동의 빈도 및 1회당 시간 등이 처방되어야 하며, 체중 감소를 위해서는 식이요법을 병행해야 한다. 규칙적인 운동은 내장지방의 감소, 고혈압 개선, 혈당의 저하, 스트레스 해소 등의 효과가 있고, 특히 유산소 운동을 통한 체지방의 연소 효과는 매우 뛰어나다.

② 식이요법

모든 유형의 비만에 필수적으로 적용되어야 하는 요법이며, 일반적인 체중감소의 식이요법은 열량 제한이 필수적이다. 섭취한 열량이 소비열량보다 부족할 때 축적된 지방이 소비되어 체중이 감소된다. 음식 중에 설탕의 농축된 것은 금하는 것이 좋으며, 채소와 해조류 등의 저열량식과 섬유질 식품인 곡류나 감자 형태의 녹말이 많이 든 음식물은 체중감소 식사의 좋은 식단들이다.

체지방 조직은 85%가 순수한 지방이므로 체지방 조직 감량을 원하면 1일 1100kcal의 열량 섭취를 줄이면 된다. 그러나 건강에 무리를 주지 않고 이상적인 감량을 진행하려면 매일 500kcal 정도 섭취량을 감소시켜, 1주일에 0.5kg을 감량 목표로 하며 장기적인 식이계획을 세우는 것이 바람직하다.

③ 행동수정요법

행동수정요법은 신경증 증세나 부적응 행동 등 이상행동을 심리학의 학습이론 원리나 법칙에 따라 치료하고 수정하려는 행동치료와 같은 의미로 사용된다. 식이요법과 운동요법과 병행하여 처방하면 비만관리는 완성된다. 행동수정요법은 자기감시, 자극조절, 보상의 3단계로 이루어지며 이것은 자신을 통제하는 방법을 스스로 습득하고 행동습관을 수정해 나가는 과정이므로 일단 성공하면 비만의 재발을 방지하는 가장 효과적인 요법이다.

## (2) 약물요법

비만 치료에 있어서 약물요법이 식이요법이나 운동을 대신할 수 없으며 병용 치료의 개념으로 이해해야 한다. 현재는 시중에 판매되는 대부분의 비만관리 약제는 식욕억제제, 설사제, 이뇨제이다. 식욕억제제는 페닐프로파넬라민 Phenylpropanolamine 과 암페타민 Amphetamine 이라는 성분이 들어 있어 혈압 상승, 두통, 환각증상, 신경과민증, 빈맥, 심계항진 등 심각한 부작용과 습관성이 될 수 있어 함부로 사용하면 위험하다. 설사제는 과다 사용 시 장내의 유효한 균을 없애고 장 기능을 떨어뜨려 만성적 변비 초래, 장의 내벽이 늘어나는 게실증 Diverticulosis 과 치질에 걸릴 수 있으며, 이뇨제는 저칼륨혈증, 저나트륨혈증, 발진, 구토, 현기증, 지각 이상, 무력감, 장기증 이상 등의 우려가 있고 저칼륨혈증에 의한 심장마비로 돌연사를 초래할 수 있다. 따라서 전문의와 상의 후 약물의 부작용 등을 충분히 숙지하고 의사의 처방에 따라야 한다.

약물에 의존하여 단기간의 체중 감량 효과만 평가하기보다는 환자 스스로 식사조절 및 운동을 지속해야 그 효과가 유지됨을 주지시켜야 하며, 환자로 하여금 약물치료를 환상적인 치료법으로 생각하지 않도록 주의해야 하며 비만도 질환으로 인식하도록 한다. 약물 치료와 행동수정요법이 비만 해결을 위해 병행된다면 비만 치료에 더 효과적인 결과를 기대할 수 있다.

개인차에 따라 다르지만, 대개 3~4개월 약물치료를 하게 되면 체중이 5~10kg, 허리둘레가 5~10cm 감소하게 된다. 1개월간 약물치료를 해도 기존의 체중의 1%, 혹은 2kg도 감소되지 않는 경우에는 약물에 대한 무반응 상태이므로 더 복용할 필요가 없다.

### ① 식욕억제제

㉠ 리덕틸 Reductil, 시부트라민 Sibutramine : 뇌에서 식욕을 조절하는 신경호르몬 '세로토닌'과 '노르아드레날린'의 재흡수를 억제시켜 식욕을 떨어뜨리게 하는 약물이다. 독일계 다국적 회사 크놀 Knoll 이 개발하였으며, 1997년 미국식품의약국 FDA 에 의해 비만치료제로 승인되었다. 본래 우울증 치료제로 개발하던 중 이 약을 복용한 환자의 체중이 준다는 사실이 발견되어 비만치료제로 개발되었다. 3개월 이내에 최소 체중의 5% 이상 감량을 보이는 경우 3개월 이상 치료를 지속하며, 식사와 관계없이 6개월 동안 하루 1번 복용하면 상당량의 체중감소 효과가 있고 2년 동안 복용할 경우 감소된 체중이 유지된다. 그러나, 중독의 위험은 없지만 입마름, 피로, 불면증, 두근거림, 두통, 변비, 메스꺼움 등이 나타날 수 있다. 혈압이 미약하게 올라갈 수 있으므로 고혈압 환자는 특히 주의해야 한다. 또한 뇌졸중과 심근경색 등 심혈관계 질환에 심각한 부작용의 우려가 높아지면서

2010년 유럽의약품청 EMA 과 미국 식품의약청 FDA 이 리덕틸의 처방과 사용중지 및 자발적 회수 권고를 내렸다. 국내에서는 2010년 10월 식품의약품안전청에 의해 리덕틸의 국내 판매가 중단되었다.

㉡ 마진돌 Mazindol : 시냅스전 세포에서 재흡수를 억제해 아드레날린의 농도를 증가시켜 식욕억제, 위산분비 억제, 소화효소활성 억제의 원리로 식욕을 억제시키는 약물로 일본에서 많이 사용되고 있다. 중추신경에 직접적인 작용을 하므로 의사의 처방을 요한다. 단기간 4주 이내 동안 투여하며, 약의 부적절한 사용과 위험을 줄이기 위해서 의사와 환자가 첫 4주 이내에 모두 만족할만한 체중감량을 얻었을 경우에만 치료를 지속할 수 있다. 부작용으로는 우울감, 들떠있는 기분, 오심, 구토, 구갈, 변비, 수면장애, 심하면 환각이나 환청 등이 나타날 수 있다.
마진돌은 각성제인 암페타민 Amphetamine 과 유사한 원리를 가지며, 각성제는 사람의 식욕을 조절하는 뇌의 시상하부에 있는 중추신경에 작용하므로 중독의 경우에는 식욕을 느끼지 못하게 될 수 있다.

㉢ 펜플루라민 Fenfluramin : 리덕틸이나 마진돌과 마찬가지로 뇌의 섭식중추에 작용하여 식욕을 억제하는 작용을 하며, 세로토닌계 약물로 뉴런의 말단에서 세로토닌 방출의 촉진과 재흡수를 억제하는 원리로 식욕을 억제시킨다. 그러나 FDA에서 안정성이 입증되지 않았으며, 최근 심혈관계에 부작용을 일으킬 수 있다는 보고로 사용하지 않고 있다.

㉣ 에페드라 Ephedra, 에페드린 : 에페드라는 마황이라고도 하며, 임상 연구에서 카페인과 함께 사용될 때 체중 감소를 나타내었다. 자율신경의 하나인 교감신경의 말단을 자극하여 노르에피네프린의 분비를 증가시키며 중추신경계의 각성효과를 내며, 말초에서는 열 생성 작용을 한다. 이에 추가되는 반응으로 지방의 연소를 돕고 칼로리 소비를 증가시켜 체중감소의 역할을 보이기는 하나 부작용으로 심장이나 혈관이 흥분될 경우는 심장근육경색, 중증부정맥 등 사망과 연관성이 높다.

㉤ 염산페닐프로파놀아민 Phenylpropanolamine : 코막힘, 콧물 증상에 작용하는 감기약의 한 성분인 식욕억제이다. 뇌의 섭식중추에 작용하여 식욕을 줄이는 효과가 있어 미국에서는 체중감량용으로 사용되었으나, 현재는 심각한 부작용으로 FDA에서 발매중지를 요구하였다.

#### ② 지방흡수억제제

㉠ 제니칼 Xenical : 지방흡수 저해제로 세계적으로 가장 많이 사용되는 비만 치료제 중 하나이다. 성분명은 올리스타트 Orlistat 이며, 스위스의 ROCH 제약회사가 개발하였다. 1999년 4월에 FDA의 승인을 받아 세계 최초로 공인받은 비만치료제로, 중추신경계에 작용하여 식욕을 억제하여 효과를 기대하는 기존의 비만치료제와는 다르게 소화된 지방과 결합해 장내에서의 흡수를 억제해 식사 중 지방 성분의 일부를 그대로 배설시키는 작용을 한다. 따라서 복용 후 배변 시에 지방이 둥둥 떠서 배출되는 특징이 있다. 췌장에서 분비되는 리파제는 억제하지만, 그 외에 탄수화물과 단백질과 관련된 트립신, 키모트립신, 포스포리파제, 아밀라제 등의 다른 소화효소에는 작용하지 않으며, 부작용으로는 장기 복용 시 지용성 비타민과 베타카로틴의 흡수가 감소되므로 지용성 비타민의 보충이 필요하다. 또한 위장 관계의 부작용과 지방흡수를 억제함으로써 나타나는 지방 배변 횟수의 증가와 복부팽만, 설사, 잦은 방귀 등이 나타난다.

#### ③ 기타 보조제

최근 보조제는 보조 제제 또는 식품 등으로 다양한 형태로 많이 이용되고 있으며, 보조제의 종류로는 복합 리놀렌산, L-카르니틴, 가르시니아 HCA, hydroxycitric acid, 키토산, 녹차, 베타 글루칸, 라피노스, 마테, 페닐 알라닌, 트립토판, 식이섬유질, 전분차단제, 크롬, 대두 펩타이드, 비타민 B6, 콜린 등이 있다.

### (3) 수술 요법

수술 요법은 위를 축소시켜 음식물의 섭취를 억제하는 방법인 '위절제술', 소장을 잘라내어 영양분을 흡수할 수 있는 면적을 감소시키는 방법인 '소장절제술', '지방흡입술' 등이 있다. 여러 가지 치료법을 통해 비만이 조절이 안 되고, 비만으로 인한 합병증이 심할 경우 최후의 수단으로 의사의 판단하에 수술요법을 실시한다.

또한 체내에 혈장 성분이 모여서 덩어리를 형성한 혈청종, 감염 및 피부괴사가 나타날 수 있다. 심한 후유증으로는 지방색전 증후군, 주요 장기 및 혈관 천공 등이 있다.

## (4) 비수술 요법

### ① 지방흡입술 Liposuction

병적으로 비정상적이거나 불만족스러운 비율로 인하여 축적된 피부 밑 지방층을 음압, 초음파 등을 이용하여 제거하여 정상적인 형태로 교정하는 수술 방법이다. 불균등한 지방 흡인이나 얕은 피부 밑 지방층의 과도한 흡인으로 피부 표면이 울퉁불퉁한 것이 흔한 합병증 중의 하나이며, 부작용으로는 출혈, 붓기와 멍, 혈종, 수술 후 빈혈, 심한 경우 쇼크를 일으킬 수 있다.

㉠ 음압 지방 흡인술 SAL, Suction-assisted lipoplasty : 진공 펌프를 이용하여 음압을 유발하여 캐뉼러 cannula를 통해 지방을 흡입하여 제거하는 방법이다.

㉡ 동력 지방 흡인술 PAL, Power-assisted lipoplasty : 음압 지방 흡인술과 동일한 원리에, 캐뉼러가 모터에 의해 자동으로 움직임으로써 지방이 쉽게 떨어져 나오도록 하는 방법으로 시술자가 보다 쉽게 지방을 흡인할 수 있다.

㉢ 초음파 지방 흡인술 UAL, Ultrasound-assisted lipoplasty : 초음파를 통해 지방을 녹인 후 음압을 이용하여 흡인하는 방법으로 지방조직만 선택적으로 흡인해냄으로써 다른 조직의 손상이나 출혈이 없는 장점이 있으나, 시술 시 열이 발생하여 화상이 발생할 수 있는 단점이 있다.

### ② 주사요법

㉠ 메조테라피 Meso therapy : 약물을 직접 지방층과 연결 조직인 피부 밑의 섬유 조직, 피하지방 조직, 지방 조직, 근육 조직, 연골 조직 등의 메조덤 mesoderm 부위에 소량의 필요한 약물과 복합물질을 미세주사기를 이용하여 다발적으로 주입하는 요법이다. 원하는 국소부위에만 제한하여 약물 전달을 직접적으로 해줄 수 있다.

㉡ 카복시테라피 Carboxy therapy : 지방이 많고 순환이 잘 안 되는 부위에 가는 바늘을 이용하여 인체에 무해한 이산화탄소를 주입하여 피하지방 세포를 분해하는 국소비만 치료요법이다. 주입된 가스에 의해 분해된 지방은 소변, 땀, 호흡 등으로 배출되고, 지방층의 파괴를 촉진시키는 작용으로 부분 비만관리 및 피부탄력을 개선시키는 효과가 있다.

ⓒ PPC Phosphatidylcholine 포스파티딜콜린 지방분해주사 : PPC는 세포막을 구성하는 인지질로 2개의 지방산과 콜린으로 이뤄져 있다. 콩의 레시틴에서 추출한 지방용해 물질을 포함한 주사제로 살을 빼고자 하는 부위에 직접 주사하여 지방세포의 크기를 축소, 분해하여 체형을 교정해주는 국소비만 치료이다. 약물의 효과는 4~8주에 걸쳐 나타나며 용해된 지방은 소변과 땀의 형태로 체외로 배출된다. 고주파 또는 레이저 시술과 병행하면 치료 효과를 더욱 높일 수 있다. 시술효과는 4~5회부터 느낄 수 있으며, 드물게 열감과 홍반을 동반하는 경우가 있으나 7일 이내에 증상들은 자연스럽게 사라진다.

ⓓ HPL Hypotonic Pharmacological Lipodissolution 레이저 지방용해술 : 지방 용해를 촉진시키는 용액과 마취제를 혼합하여 주입하고 삼투압 현상을 통해 지방세포 분리, 용해, 림프관으로 흡수 및 배출 효과가 있는 주사 요법이다. 시술시간은 30분 정도로 약 3~5회 때부터 효과가 나타나며, 레이저나 고주파 시술을 이용하여 남아 있는 지방세포를 분해하면 효과적이다.

ⓔ LLD Lipolytic lymph drainage 효소주사제 : 히알루로니데이즈 Hyaluronidase 라는 효소 주사제로 지방을 분해하여 림프액 배출을 촉진한다. 림프부종의 원인인 히알루론산의 분해를 촉진하고 섬유화 조직을 파괴해 셀룰라이트를 제거하는 데 효과적이고 체형을 교정해 주는 비만치료이다.
PPC보다 상대적으로 넓은 국소 부위의 지방 제거, 심한 셀룰라이트의 개선, 다이어트 후 요요현상으로 인한 약물치료 효과 저하 등에 주로 이용된다. 특히 초음파 지방파괴장비 리포덤 로 병행 치료하면 더 나은 효과를 기대할 수 있으며, 고도비만 및 당뇨로 인한 비만에도 시술이 가능하다.

### ③ 고주파 지방파괴술

표피는 급속 냉각시켜 열 손상을 주지 않으면서 진피와 피하지방층의 온도를 순간적으로 39~45도까지 도달하게 하는 지방세포를 파괴하는 비만치료법이다. 파괴된 지방세포는 혈관과 림프관을 통해 체외로 배출되며, 진피층의 콜라겐과 탄력섬유를 활성화시켜 탄력 증가의 효과도 있다.

### ④ 초음파 에너지를 이용한 체외충격파 시술

비수술요법으로 통증이 없어 마취가 필요 없으며, 시술 후 회복기간이 필요하지 않아 일상생활이 가능하다. 초음파 에너지를 이용한 체외충격파 VDF Vertical Dynamic Focus 방식으로 주변 조직들의 손상 없이 지방세포만을 선택적으로 파괴하는 시술로 분해된 지방세포는 땀과 소변의 형태로 자연스럽게 체외로 배출된다.

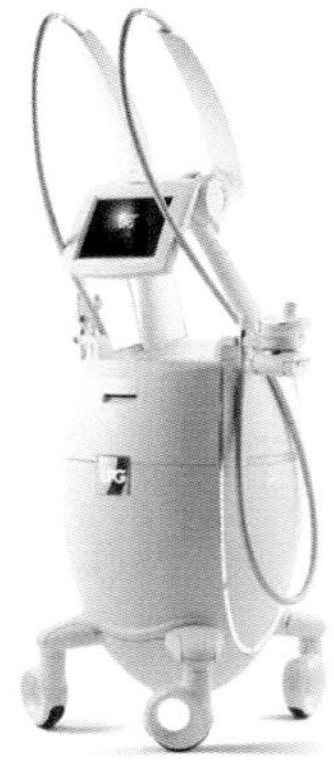

네오 울트라

⑤ 지방 냉동 치료

지방 냉동 분해술은 온도에 민감한 지방 세포에 선택적으로 냉각에너지를 전달하여 자연적으로 지방세포를 파괴하고 림프관을 통해 죽은 지방세포를 배출하는 시술이다.

### 4) 체형관리 기기

(1) 고주파

인체 내에 고주파 전기에너지가 가해지면 전류의 방향이 바뀔 때마다 조직을 구성하는 분자들이 진동하면서 서로 마찰되어 뒤틀림, 회전, 충돌 운동에 의해 생체 열에너지 즉, 심부열을 발생시킨다. 조직의 온도를 상승시켜 세포의 기능을 증진시키며, 감각신경 및 운동신경을 자극하지 않는 고주파 전류는 인체 내 불편함이나 근육수축을 일으키지 않으면서 신체 조직 안의 특정 부위를 가열할 수 있다.
고주파의 에너지에 의해 발생한 심부열은 지방조직의 결합을 느슨하게 하고 지방조직 사이의 수분을 연소시켜 지방세포의 연소와 배출을 가속화하고 림프의 순환을 촉진하여 피부 더 탄력있게 만들어 준다.

### (2) 저주파기

저주파 전류 1~1000Hz 를 이용하여 근육의 수축과 이완을 통해 에너지가 발산되는 아이소토닉 Isotonic 운동을 원리로 개발되었으며, 패드를 이용하여 근육에 전기 자극을 주어 마사지 효과를 주는 기기이다.
근육 운동을 시켜주는 파라딕 Faradic 주파에 사다리꼴 형태의 주파 웨이브를 이용하여 근육을 수축 Contraction 과 비틀림 Twist 운동을 함께 병행하여 단시간 내에 효과적인 에너지를 발산한다. 조직의 체액과 노폐물의 순환을 촉진하여 인체 내의 불필요한 수분과 노폐물이 순환계를 통하여 신장으로 배출되는 신체 정화 기능을 증진시킨다.

① 국소부위의 사이즈 감소와 체지방감소 효과를 얻을 수 있다.
② 불필요한 수분과 노폐물 배출 효과로 신체정화 효과가 있다.
③ 단시간에 최대의 운동 효과를 통하여 즉각적인 비만관리 효과를 기대할 수 있다.
④ 식욕을 유발하지 않아 에너지 방출 후 과식을 예방할 수 있으며, 자연적인 체중감소로 건강에 무리를 주지 않는다.
⑤ 최대한의 지방연소로 비만관리와 동시에 탄력증진 효과로 탄력관리 병행이 가능하여 슬리밍과 펴밍 효과를 볼 수 있다.

### (3) 중주파기

중주파 전류 1000~10,000Hz 교류전류 를 이용하여 4,000Hz와 4,100Hz의 중주파의 간섭현상으로 1~100Hz 사이의 간섭전류를 유발한다. 심부조직에 대한 저주파 기기 사용 시 근육수축으로 오는 통증의 한계성을 배제한 기기이다.
운동신경 및 근육을 직접 자극하여 근수축과 이완 작용을 하며 펌프작용이 증진됨에 따라 혈류 및 림프순환이 증진되어 부종과 염증을 완화한다. 또한 피부의 전기저항이 낮아 감각이 부드러워 피부 통증, 자극, 불쾌감이 없으며 특정한 부위, 깊이, 넓은 부위의 효과적 관리가 가능하다.

① 혈관의 수축, 확장을 촉진시켜 혈액순환 및 림프액 수송에 영향을 주어 불필요한 조직액과 노폐물을 배출시켜 부종관리에 효과적이다.
② 지방 대사의 활성화, 분해를 촉진시키며 신진대사를 활성화시킨다.
③ 근육을 자극하여 지구력 강화와 이완에 효과적이다.

### (4) 엔더몰로지

진공펌프 Vacuum pump 에서 나오는 음압이 볼과 롤러를 통해 피부의 결합 조직에 인위적 물리 자극 근육의 수축, 이완, 압박, 당김 을 줌으로써 조직이 화학적, 구조적으로 변화하여 셀룰라이트와 지방을 효과적으로 파괴한다. 재활 치료용으로 개발되었으나, 최근에는 비만으로 인한 셀룰라이트 관리에 주로 사용된다. 롤러의 감압으로 느슨해진 조직에 정체물질 등을 제거하여 탄탄한 구조로 재구성 하고, 지속적으로 근육과 근막을 자극함으로써 신경을 자극ㆍ이완시켜 준다.

① 지방분해

② 리프팅 및 탄력 강화

③ 노폐물 배설 촉진 및 부종 개선

④ 혈액순환 촉진

⑤ 근육강화

## 평 가

1. 비만의 치료 중 '초음파 에너지를 이용한 체외충격파' 시술을 설명하시오.

2. 메조테라피 Meso therapy 와 카복시테라피 Carboxy therapy 를 비교 설명하시오.

3. 체형관리 기기 '엔더몰로지'를 설명하시오.

## 해답 & Tip

**1** 비수술 요법으로 통증이 없어 마취가 필요 없으며, 시술 후 회복기간이 필요하지 않아 일상생활이 가능하다. 초음파 에너지를 이용한 체외충격파 VDF Vertical Dynamic Focus 방식으로 주변 조직들의 손상 없이 지방세포만을 선택적으로 파괴하는 시술로 분해된 지방세포는 땀과 소변의 형태로 자연스럽게 체외로 배출된다.

**2** 메조테라피 Meso therapy 는 약물을 직접 지방층과 연결 조직인 피부 밑의 섬유 조직, 피하지방 조직, 지방 조직, 근육 조직, 연골 조직 등의 메조덤 mesoderm 부위에 소량의 필요한 약물과 복합물질을 미세주사기를 이용하여 다발적으로 주입하는 요법이다. 원하는 국소부위에만 제한하여 약물 전달을 직접적으로 해줄 수 있다. 카복시테라피 Carboxy therapy 는 지방이 많고 순환이 잘 안 되는 부위에 가는 바늘을 이용하여 인체에 무해한 이산화탄소를 주입하여 피하지방 세포를 분해하는 국소비만 치료요법이다. 주입된 가스에 의해 분해된 지방은 소변, 땀, 호흡 등으로 배출되고, 지방층의 파괴를 촉진시키는 작용으로 부분 비만관리 및 피부탄력을 개선시키는 효과가 있다.

**3** 재활 치료용으로 개발되었으나, 최근에는 비만으로 인한 셀룰라이트 관리에 주로 사용된다. 진공펌프 Vacuum pump 에서 나오는 음압이 볼과 롤러를 통해 피부의 결합 조직에 인위적 물리 자극을 줌으로써 조직이 화학적, 구조적으로 변화하여 셀룰라이트와 지방을 효과적으로 파괴한다. 롤러의 감압으로 느슨해진 조직에 정체 물질 등을 제거하여 탄탄한 구조로 재구성하고, 지속적으로 근육과 근막을 자극함으로써 신경을 자극·이완시켜 준다.

CHAPTER

# 05 메디컬 탈모케어

## 1. 탈모케어

### 1) 탈모의 요인과 분류

두피를 싸고 있는 모발은 대략 100,000개의 모낭이 있으며 성장주기에 따라 교체 과정을 반복한다. 성장주기에 따라 3~4개월에 모발의 교체가 이루어지며 한달에 1~1.5cm 정도 자란다. 모발의 성장은 일반적으로 남성보다 여성이 좀 더 빠르다. 10~24세에 모발의 성장속도가 가장 빠르며 50세 이후부터는 완만해진다.

모발은 보호의 기능, 상징적인 기능 뿐만 아니라 외적인 이미지를 표현하고자 한다. 즉 다시 말해 외부 환경이나 충격으로부터 머리를 보호해주는 역할을 하고 용모를 단정하게 보이게 하는 상징적인 기능뿐만 아니라 사회 환경 속에서 이미지가 경쟁이 되는 자신만의 개성을 살려 외적 이미지를 표현하고자 한다. 이러한 이미지를 표현하는 모발이 있어야 할 부분에 결여되거나 그 수가 감소하여 생기게 된 상태를 탈모증이라 한다. 즉, 모발은 100,000만개의 기준으로 대략 5 ~ 15%가 일반적으로 하루에 빠지는데 전체 머리카락의 0.05% ~ 0.1% 정도이며 머리카락의 개수는 대략 40~80개가 빠지게 된다. 그 이상의 경우를 탈모증이라 한다. 탈모가 진행되면 모발의 성장기가 짧아진다. 즉, 새로 올라온 모발이 굵어지기도 전에 휴지기로 진행이 이루어져 모발은 탈력이 떨어지고 가늘어지게 되며 탈모 증상으로 나타난다. 탈모의 원인으로는 내분비질환, 남성호르몬, 영양결핍, 두피의 심한 자극 스트레스, 갱년기 장애. 다이어트 등이 있다. 이러한 대표적인 탈모의 유형은 선천성 탈모증과 후천성 탈모증으로 나뉜다. 선천성 탈모증은 피부의 발생 장애로 모든 기능의 결손 되는 현상이다. 후천성 탈모증은 여성탈모증와 남성탈모증, 원형 탈모증, 지루성 탈모증, 신경성 탈모증, 비만성 탈모증, 접촉성 피부염 탈모증,

내분비계에 의한 탈모증, 모낭충에 의한 탈모증, 결발성 탈모증 등으로 나타난다. 이 part에서는 남성 탈모증과 여성 탈모증만 다루어 본다.

### (1) 남성 탈모

남성 탈모는 유전과 남성 호르몬인 안드로겐에 의해 모발이 빠지는 대표적 탈모 질환이며, 안드로겐성 탈모증, 유전성 안드로겐성 탈모증이라고도 한다. 앞머리와 정수리 부위의 탈모와 모발의 왜소화가 특징이며, 나이가 들수록 진행한다.

안드로겐 호르몬의 영향으로 모낭의 5알파-리덕타아제 5 alpa-reductase 효소가 테스토스테론을 디하이드로테스토스테론 DHT : Dihydro Testosterone 이라는 호르몬으로 만드는데, 이때 목표부위에서 안드로겐 수용체와 결합하여 모낭세포의 단백질 합성을 지연시켜 모낭의 성장기가 단축하게 된다. 이러한 현상으로 인해 모발은 점차 가늘어지고 휴지기에 들어서는 주기가 더 짧아져 마침내 남성형 탈모증이 진행된다.

탈모의 종류가 다양해지면서 남성형 탈모증의 형태, 증상에 따른 용어도 점차 세분화되고 전문적 용어로 구분되고 있다. 일반적으로 탈모의 형태에 따른 분류는 해밀턴의 8가지 종류로 크게 나누어진다. 해밀턴 분류 방법은 탈모의 형태에 따라 M자형, O자형, U자형, C자형으로 구분하고 복합적으로 나타나는 경우 MO자형, MU자형 등으로 구분된다.

해밀턴 분류법에 따른 남성형 탈모 단계

| 단계 | 특징 |
|---|---|
| 1단계 | 탈모가 미약하게 진행된 시기 |
| 2단계 | 탈모 초기 단계 |
| 3단계 | 탈모가 외관상 확실히 자각되는 시기 |
| 4단계 | 탈모가 발전한 시기 |
| 5단계 | 탈모가 커진 시기 |
| 6단계 | 모발을 상당량 잃는 시기 |
| 7단계 | 거의 모든 모발이 탈락된 탈모 말기의 시기 |

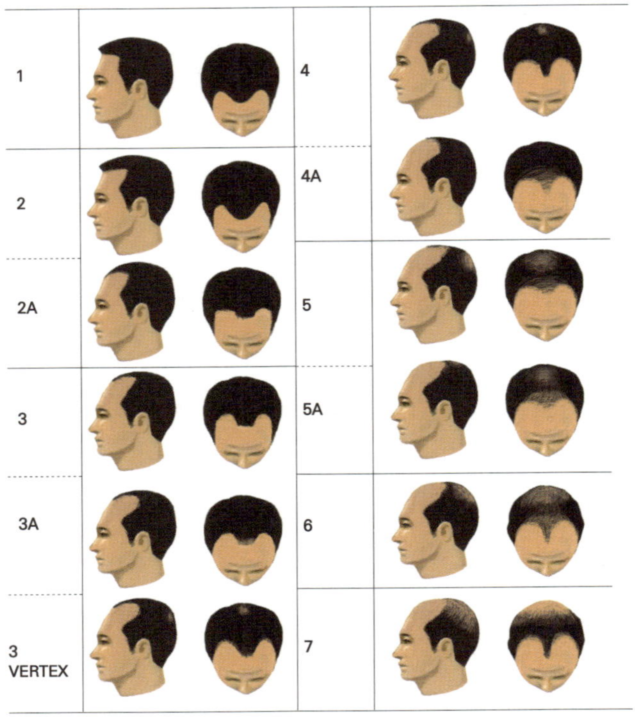


해밀턴의 남성형 탈모단계

### (2) 여성 탈모

여성의 탈모현상은 나이가 들수록 점진적으로 진행되며, 남성과는 달리 일정한 형태가 없고 모발의 밀도가 점차적으로 연모화 되며, 머리에 전반적으로 탈모가 일어나는 유형으로 진행된다. 안면과 두피의 경계선이 유지되면서 두피 중앙의 굵은 머리가 점점 빠지는데, 머리 중심부만 서서히 벗겨진다. 앞 이마선은 보존되며 주로 머리의 중간 부위가 탈모되지만 남성 탈모보다는 덜하다. 안드로겐성 탈모증에 속하고 유전적 경향이 강하며, 잘못된 샴푸법, 잦은 파마나 염색으로 인한 두피손상, 과도한 스트레스, 폐경으로 인한 호르몬 밸런스의 이상, 무리한 다이어트 등이 원인이 된다. 그리고 여성들이 겪는 산후탈모증은 호르몬이 두피 모낭의 정상적인 주기에 영향을 주어 일시적으로 나타나는 현상이다.

여성 탈모의 증상을 확인하는 방법은 임상증상과 모발 관찰, 모발 직경의 감소, 생장기 모발의 비율 감소, 휴지기 모발의 비율 증가로 알 수 있다. 유전적인 요인과 여러 후천적인 요인으로 탈모가 진행되는데, 정확한 원인을 알고 꾸준한 관리를 한다면 호전될 가능성도 있다.

여성형 탈모단계

### 2) 메디컬 탈모의 치료

탈모는 다양한 원인에 의해서 발생하는데, 원인에 따라 남성형, 여성형, 원형 탈모증 등으로 분류되고 이에 따라 다양한 약물이 사용될 수 있다.

#### (1) 약물치료

##### ① 먹는약

㉠ 피나스테라이드 Finasteride : 국내에서 '프로페시아'로 알려져 있으며, 원래 전립선 비대증 약으로 개발된 약이다. 탈모를 유발하는 디하이드로테스토스테론 DHT 의 생성에 관여하는 효소인 TypeII 5-알파 환원효소의 활동을 억제하여 탈모를 예방하고 모발 성장을 증진하는 작용을 한다. 1일 1회 경구투여하며 일반적으로 복용 후 3개월 후면 탈모가 멈추기 시작하고 6개월 이상 복용하면 다시 머리가 나기 시작한다고 알려져 있다. 반드시 남성에게만 복용이 가능하며 성기능 관련 부작용이 나타날 수 있는데, 약을 중단하면 부작용은 바로 사라진다.

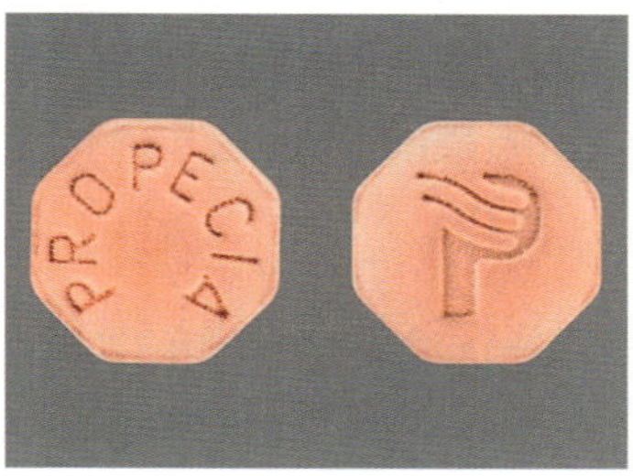


프로페시아

ⓛ 판토가 Pantogar : 여성형 탈모에 사용할 수 있는 경구약물로서 약용효모, 아미노산, 단백질, 케라틴, 비타민 B 복합제가 주성분으로 손상된 모발의 성장과 건강, 탄력에 필요한 영양분을 공급하여 탈모를 감소시키며, 감염성이 아닌 손톱의 발육 부진에도 효과가 있다.

부작용이 거의 없고, 내약성이 뛰어나 장기간 사용해도 약효에 변함이 없다. 평균 치료 기간은 3~6개월이며 보통 3~4개월 이후부터 효과가 나타나며, 필요하면 계속해 반복 투여할 수 있다. 드물게 위통, 구토 등 위장관 불쾌감과 빈맥, 소양증, 두드러기 등의 부작용이 보고되어 있지만 심각한 부작용이 발생되었다는 보고는 아직까지 없으며, 당뇨병 환자, 임산부가 복용해도 될 만큼 안전하다.

② 바르는 약

㉠ 미녹시딜 Minoxidil : 고혈압 치료제로 개발되었으나 이 약을 복용한 환자들에게서 다모증이 나타나는 것을 보고 착안해 탈모 치료제로 사용되기 시작했다. 모낭 내 혈관의 혈액순환을 증가시켜서 이에 따른 모발성장을 촉진시키는 원리이며, 모발 성장을 촉진시키는 기전은 아직 명확히 밝혀지지는 않았다. 현재 3%와 5% 제품이 시판중이고 여성은 3% 미녹시딜 용액을 사용하며, 남자는 5% 용액을 사용한다. 모발성장의 효과는 6~12개월 이후에 최대로 나타나며 그 후로 효과는 감소하게 된다. 미녹시딜의 부작용으로는 두피 건조증, 가려움, 홍반 등이 있다.

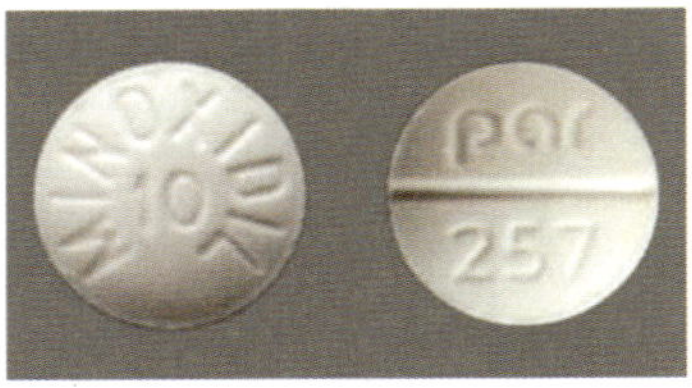


미녹시딜

ⓛ 엘 크라넬 알파액 Ell-cranell alpha solution : 두피에 바르는 외용제로 주성분은 알파트라디올 Alfatradiol 로 5-알파환원요소를 억제하여 탈모를 예방하는 효과가 있다.

1일 1회 이 약 3mL를 어플리케이터 Applicator 를 이용하여 환부에 바른 후 약이 잘 흡수되도록 1분간 마사지하며, 증상이 개선되면 2~3일에 1회로 사용횟수를 줄일 수 있다. 여성 탈모의 경우 프로페시아의 사용이 어렵고, 미녹시딜 사용 시에도 모발이 뻣뻣해지거나 두피 자극 증상이 있는 경우, 엘 크라넬 알파액을 이용하여 여성 탈모 치료에 사용할 수 있다.

㉢ 라티쎄 Latisse solution : 원래는 녹내장으로 인한 안압을 감소시키는 효과로 사용되었으나 속눈썹이 자라는 효과를 발견하여 탈모 치료제로 개발되었다. 비마토프로스트 Bimatoprost 가 주성분인 제품으로 속눈썹을 자라게 하는 효과가 있어 최근 들어 사용되고 있다.

㉣ 단가드 : 각질 세포의 탈락을 감소시켜 표피가 과다하게 인설화되는 것을 억제하는 비듬 치료제이다. 지루 피부염 부위에 과다증식된 두피 세포의 비정상적인 증식을 억제함으로써 비듬을 효과적으로 치료한다. 피부 내로 흡수되지 않으므로 안전하며 부작용이 없다. 샴푸 타입으로 적당량을 젖은 두피 위에 바르고 거품이 나게 마사지한 후 물로 충분히 헹구면 되며, 우수한 세정제와 컨디셔너가 동시에 함유되어 있어서 두피 및 모발을 청결하고 부드럽게 유지할 수 있다.

### (2) 주사요법

#### ① 트리암시놀론 Triamcinolone 주사요법

저 농도로 희석된 약물을 병변에 고루 주사하며, 주로 스트레스가 원인이 되어 발생하는 원형탈모에 사용되는 약물이다. 흔한 부작용으로 모세혈관 침투로 인한 피부지방괴사로 피부위축이 올 수 있으므로 각별한 주의를 요한다.

#### ② 메조페시아

메조테라피를 두피치료에 적용한 '메조페시아'는 치료 효과가 입증된 유효 성분과 모발의 성장에 필요한 영양성분, 국소 혈액순환 개선제 등을 혼합하여 직접 피부의 진피 속에 넣어주는 탈모 치료법이다. 약물을 두피에 직접 주사하여 전신적인 부작용 걱정 없이 두피의 혈액순환 및 모발 성장을 촉진한다. 모낭 주위 주사와 메조테라피는 시술이 짧아 부담 없이 치료를 받을 수 있다.

시술 방법은 '메조건'이라는 특수한 주사 기구를 이용해 주사액 용량, 주사 깊이, 주사 속도까지 조절하여 치료 약물을 진피층에 주사한다. 두피가 시원한 느낌 정도의 자극이 있으며, 통증은 거의 없다. 수술 없이 1주 간격으로 3~6개월 정도 시술하며, 부작용이 거의 없고 시술 후 효과가 빠르게 나타난다는 장점이 있다. 모발 이식 후 이식 모발의 생착을 높이는 효과도 있어 수술 후 치료로도 사용되고 있으나, 모근이 살아있는 단계에서 좋은 효과를 볼 수 있기 때문에 탈모 초기에 치료받는 것이 가장 좋다.

### (3) 전자기장 치료

미세한 전자기장을 이용해 모낭 주위의 혈류량을 증가시켜 모발세포 활성화 및 성장을 촉진한다.

### (4) PRP 자가혈소판 농축액 치료

모발 재생에 관여하는 성장인자인 IGF-1. VEGF, bFGF를 두피에 직접 주사하여 모발 세포의 분화와 혈관을 촉진시켜 발모효과가 나타나는데 도움을 준다.

### (5) 두피 스케일링

두피에 남아 있는 과도한 각질과 피지, 노폐물 등을 깨끗이 제거하므로 두피가 건강해져 모발 성장에 유해한 요소를 차단하는 과정이다.

### (6) 수술치료 자가모발이식

이미 탈모가 많이 진행된 단계에서는 자가 모발 이식술로 모발을 심어주는 것이 가장 확실한 영구 치료법이 된다. '모낭단위모발이식술' 또는 '자가모낭단위모발이식술'로도 부른다.

탈모가 잘 일어나지 않는 자신의 뒷머리 후두부 머리카락을 탈모가 이미 진행된 부분에 이식하는 수술이다. 뒷머리의 피부를 모근까지 떼어 본래의 모발 뭉치인 모낭단위로 분리한 후 탈모가 일어난 부위에 식모기 또는 레이저를 이용하여 한 가닥씩 심는다. 수술은 2~3시간 정도 소요되고, 한 번 수술하는 동안 500~1000가닥 정도의 모발을 이식할 수 있다. 수술 후 한 달이 지나면서부터 이식한 모발이 빠지기 시작하며, 3개월이 지나면 이식한 부위에서 새로운 모발이 자란다. 이식 부위의 특성에 따라 모발 이식의 각도와 방향을 잘 맞추어야 하므로 모발이식 기술과 미적 감각이 요구된다.

흉터가 남지 않고 출혈이 적으며, 모발의 생존기간이 길어서 이식 후에 탈모가 진행되더라도 다시 빠지지 않는 장점이 있으나 비용 부담이 적지 않다. 일반적으로 2~3회 시술을 받아야 효과가 있고, 모발이 정상적으로 자라는데 6개월 정도 걸린다. 모발이식은 두피뿐만 아니라 눈썹, 속눈썹, 수염, 외음부, 사고나 화상으로 인한 흉터 등에도 가능하다.

## 평 가

1. 남성 탈모와 여성 탈모의 특징을 비교 설명하시오.

2. 탈모의 약물치료 중 대표적인 먹는 약물 두 가지를 설명하시오.

3. 탈모의 치료요법 중 주사요법 두 가지를 설명하시오.

## 해답 & Tip

**1** 남성 탈모는 유전과 남성 호르몬인 안드로겐에 의해 모발이 빠지는 대표적 탈모 질환이며, 앞머리와 정수리 부위의 탈모와 모발의 왜소화가 특징이며, 나이가 들수록 진행한다.

탈모의 종류가 다양해지면서 남성형 탈모증의 형태, 증상에 따른 용어도 점차 세분화되고 있다. 탈모의 형태에 따라 M자형, O자형, U자형, C자형으로 구분하고 복합적으로 나타나는 경우 MO자형, MU자형 등으로 구분된다.

여성의 탈모현상은 나이가 들수록 점진적으로 진행되며, 남성과는 달리 일정한 형태가 없고 모발의 밀도가 점차적으로 연모화 되며, 머리에 전반적으로 탈모가 일어나는 유형으로 진행된다. 안면과 두피의 경계선이 유지되면서 두피 중앙의 굵은 머리가 점점 빠지는데, 머리 중심부만 서서히 벗겨진다. 앞 이마선은 보존되며 주로 머리의 중간 부위가 탈모되지만 남성 탈모보다는 덜하다. 안드로겐성 탈모증에 속하고 유전적 경향이 강하며, 잘못된 샴푸법, 잦은 파마나 염색으로 인한 두피손상, 과도한 스트레스, 폐경으로 인한 호르몬 밸런스의 이상, 무리한 다이어트 등이 원인이 된다. 그리고 여성들이 겪는 산후 탈모증은 호르몬이 두피 모낭의 정상적인 주기에 영향을 주어 일시적으로 나타나는 현상이다.

**2** 피나스테라이드 Finasteride 와 판토가 Pantogar 가 있다.

피나스테라이드는 탈모를 예방하고 모발 성장을 증진하는 작용을 하며, 1일 1회 경구투여하며 일반적으로 복용 후 3개월 후면 탈모가 멈추기 시작하고 6개월 이상 복용하면 다시 머리가 나기 시작한다고 알려져 있다. 반드시 남성에게만 복용이 가능하며 성기능 관련 부작용이 나타날 수 있는데 약을 중단하면 부작용은 바로 사라진다.

판토가는 여성형 탈모에 사용할 수 있는 경구약물로서 약용효모, 아미노산, 단백질, 케라틴, 비타민 B 복합제가 주성분으로 손상된 모발의 성장과 건강, 탄력에 필요한 영양분을 공급하여 탈모를 감소시키며, 감염성이 아닌 손톱의 발육 부진에도 효과가 있다. 평균 치료 기간은 3~6개월이며 보통 3~4개월 이후부터 효과가 나

## 해답 & Tip

타나며, 필요하면 계속해 반복 투여할 수 있다. 드물게 위통, 구토 등 위장관 불쾌감과 빈맥, 소양증, 두드러기 등의 부작용이 보고되어 있지만 심각한 부작용이 발생되었다는 보고는 아직까지 없으며, 당뇨병 환자, 임산부가 복용해도 될 만큼 안전하다.

**3 트리암시놀론 Triamcinolone 주사요법**

저 농도로 희석된 약물을 병변에 고루 주사하며, 주로 스트레스가 원인이 되어 발생하는 원형탈모에 사용되는 약물이다. 흔한 부작용으로 모세혈관 침투로 인한 피부지방 괴사로 피부위축이 올 수 있으므로 각별한 주의를 요한다.

트리암시놀론 Triamcinolone 과 메조페시아가 있다.

트리암시놀론은 저 농도로 희석된 약물을 병변에 고루 주사하며, 주로 스트레스가 원인이 되어 발생하는 원형탈모에 사용되는 약물이다. 흔한 부작용으로 모세혈관 침투로 인한 피부지방 괴사로 피부위축이 올 수 있으므로 각별한 주의를 요한다.

메조페시아는 치료 효과가 입증된 유효 성분과 모발의 성장에 필요한 영양성분, 국소 혈액순화 개선제 등을 혼합하여 직접 피부의 진피 속에 넣어주는 탈모 치료법이다. 약물을 두피에 직접 주사하여 전신적인 부작용 걱정 없이 두피의 혈액순환 및 모발 성장을 촉진한다. 수술 없이 1주 간격으로 3~6개월 정도 시술하며, 부작용이 거의 없고 시술 후 효과가 빠르게 나타난다는 장점이 있다. 모발 이식 후 이식 모발의 생착을 높이는 효과도 있어 수술 후 치료로도 사용되고 있으나, 모근이 살아 있는 단계에서 좋은 효과를 볼 수 있기 때문에 탈모 초기에 치료 받는 것이 가장 좋다.

CHAPTER 06

# 미용시술(쁘띠미용)과 메디컬 관리

## 1. 보톡스

### 1) 정의

소량의 보툴리눔 톡신 Botulinum toxin 을 주사하여 신경전달물질 아세틸콜린, Acetylcholine 을 차단시킴으로써 근육을 마비시키거나 땀샘의 기능을 일시적으로 줄여주는 시술이다.

보툴리눔 독소는 근육 이완작용을 이용해 눈가의 근육이 떨리는 안검경련을 치료하였으나 안검경련은 물론이고 눈가나 미간의 주름에도 효과가 있어 현재 주름치료의 대명사처럼 쓰이게 되었다. 또한 근육이 과도하게 수축되는 신경근육질환의 치료 영역에 광범위하게 사용하게 됨으로써 1989년에 미국 FDA로부터 정식 허가를 받게 되었다.

1990년대에 들어서는 보툴리눔 독소를 미용적인 목적으로 주름에 본격적으로 사용하게 되었고 겨드랑이나 손, 발의 국소다한증에도 널리 사용되고 있다. 2001년에는 근육은 안 쓰면 줄어드는 원리를 이용하여 보툴리눔 독소로 발달된 근육을 줄여줌으로써 사각턱을 갸름하게 하고, 종아리 알통을 줄여주는 치료법의 하나로 개발되어 사용되고 있다. 이외에도 편두통이나 만성 통증, 중풍의 재활치료, 치열 항문열상, 항문 근육의 과도한 수축으로 변이 나올 때 항문 점막이 찢어져 배변 시 심한 통증이나 출혈을 호소하는 질환 등 다양하고도 광범위한 질환의 치료에도 사용되고 있다. 보톡스 시술의 추가 보정은 2~4주후에 가능하며, 효과 유지기간은 일반적으로 6개월 정도이다.

### 2) 적용 부위

#### ① 피부 주름

이마·미간 주름, 콧등 주름, 눈가 주름, 턱 주름

#### ② 다한증

손, 발, 겨드랑이, 안면 등의 국소적 부위에 땀이 많이 나는 경우, 보톡스로 땀샘의 신경전달 물질인 아세틸콜린의 분비를 억제하여 땀의 분비를 억제할 수 있다.

#### ③ 종아리 알통

과잉 발달된 종아리 근육에 주입하여 근육 쇠퇴를 유도할 수 있다.

#### ④ 만성두통

보툴리눔 독소 주사는 통증과 관련된 신경전달물질의 분비를 막고 통증을 느끼는 수용체를 변화시킨다. 약물치료나 생활습관 개선 등으로 만성 편두통이 해결되지 않는 경우 보툴리눔 톡신을 두경부에 주사하여 증상을 완화시킬 수 있다.

#### ⑤ 어깨근육 발달 승모근

어깨라인의 아름다움을 살리기 위해 승모근에 보톡스를 주입하여 근육 크기를 줄여 여성스럽고 슬림한 어깨라인을 만들 수 있다.

#### ⑥ 침샘비대

침샘은 귀밑샘, 턱밑샘, 혀밑샘 모두 세쌍으로 이루어져 있으며, 이중에서 침샘비대로 인한 미용적인 치료는 귀밑샘과 턱밑샘에 적용한다.

### 3) 부작용 및 시술 후 주의사항

보툴리눔 톡신 자체의 부작용은 거의 없으나, 해당 근육의 해부학적 위치를 정확히 알지 못하고 시술을 한 경우 안검하수, 하안검의 외반 등의 부작용을 초래할 수 있으므로 반드시 전문의에게 시술 받도록 한다. 적절한 부위에 적당량을 시술하지 않으면 표정이 어색해지는 부작용이 나타날 수 있으나 시간에 따라 자연스럽게 호전된다.

① 시술 후 시술 부위를 강하게 문지르거나 자극을 주지 않는다.

② 시술 후 4시간 동안은 눕지 않는다.

③ 시술 후 일주일은 사우나, 찜질방, 격렬한 운동은 삼가하는 것이 좋다.

④ 사각턱 교정 시술 후에는 껌이나 오징어 같은 딱딱한 음식은 먹지 않는 것이 좋다.

⑤ 시술 후 주사부위에 통증이나 붉어지는 증상이 보이면 병원에 내원하도록 한다.

⑥ 임산부, 수유부, 중증근무력증, 근위축성 측색경화증 등의 병력이 있는 경우, 이 제재에 대한 알러지 반응이 있는 경우는 사용하지 말아야 한다.

## 2. 필러

### 1) 정의

인체와 유사한 성분의 물질을 피부의 꺼진 부위에 주사하여 채워주는 시술이다. 연조직 확대술을 위해 사용되고 있는 제품으로 주름이나 흉터 등 피부의 미용학적 치료를 위해 사용되거나 코, 입술, 이마 등 볼륨 보충을 통한 안면 윤곽술로 사용되고 있다. 필러 시술의 추가 보정은 2~4주 정도 후에 효과를 확인한 후 가능하며, 효과 유지기간은 종류에 따라 차이가 있다.

### 2) 적용 부위

**① 흉터 치료**

여드름 흉터, 수두자국, 위축성 흉터

**② 주름 치료**

이마 주름, 팔자 주름, 미간 주름, 목주름, 눈가 주름

**③ 윤곽술**

이마 볼륨, 입술 확대, 코 높임 융비술, 가슴 확대, 애교살

### 3) 부작용 및 시술 후 주의사항

대표적으로 염증반응, 부종, 피부 괴사, 통증, 시력감소 등이 있으며, 혈관이 많이 분포되어 있는 눈이나 코 주변, 입술에 잘못 시술할 경우 조직괴사, 실명 등 심각한 부작용이 발생할 수 있다.

① 필러 시술은 일상생활에 지장이 없다.
② 시술 후 시술 부위를 강하게 문지르거나 자극을 주지 않도록 한다.
③ 시술 후 1~2주간은 사우나, 찜질방, 격렬한 운동, 흡연, 음주는 삼가하는 것이 좋다.
④ 시술 후 주사부위에 통증이나 염증을 동반한 부기나 홍반이 나타나면 병원에 내원하여 처치를 받도록 한다.

### 4) 필러의 종류

필러의 종류는 아주 다양한데 크게 히알루론산 필러와 비히알루론산 필러로 나뉠수 있다. 유지기간은 6개월에서 2~3년 정도이며, 필러 종류와 시술에 따라 차이가 있다.

#### (1) 히알루론산 필러

히알루론산은 인체 구성성분으로 주입 후 인체조직과 거부반응을 일으키지 않는다. 인체에 무해하며 잘 녹지 않고, 잘 분해되지 않으며, 이동성이 거의 없고 알러지 반응이 없이 이물질을 남기지 않고 안전하게 흡수된다. 히알루론산은 진피기질의 구성요소로 사람의 진피뿐만 아니라 활액, 초자체, 탯줄, 닭벼슬, 일부 포도상구균에 고농도로 존재한다.
유지기간이 12~24개월로 짧다는 단점이 있으며, 시술이 잘못되었을 때 히알루로니다제 Hyaluronidase 로 녹일 수 있어 복원이 가능하며 최근에는 시술 시 통증을 줄이기 위한 리도카인이 함유된 제품도 출시되고 있다.

##### ① 레스틸렌

최초로 FDA 승인을 받은 제재이며, 세균을 이용한 발효를 통해 얻어진 3세대 히알루론산 생성물이다. 모든 주름 및 입술 확대 등에 사용하며 진피 중층에 주입하며, 물과 결합하는 능력이 현저해서 점액성이 높은 수화 중합체를 형성한다.

② 주비덤

세균을 이용한 발표를 통해 얻은 히알루론산 생성물로 균질의 겔 블록을 형성하여 효소의 공격에 강하며 오래 지속되고 부드러워 시술이 용이하다. 최근엔 시술 시 통증을 완화하기 위해 리도카인을 함유한 제품이 나오고 있다.

### (2) 비히알루론산 필러 칼슘제재

인체의 뼈와 이를 구성하는 칼슘 미네랄 성분으로 이루어져 있어 주입 후 인체에 거부반응을 일으키지 않으며 시간이 지나면 자연스럽게 분해된다. 히알루론산에 비해 지속력이 뛰어나나 시술 후 교정이 어렵다는 단점이 있다. 따라서 숙련된 기술을 요한다. 효과 유지기간은 재질에 따라 2~3년이다.

① 아테콜

주사 후 3개월 이내에 소 콜라겐이 인체 콜라겐으로 대치되고 비활성, 미생물 비분해성인 PMMA 중심소제 Microspheres 는 그 지점에 머무른다. 완전한 효과를 위해서는 2~3회의 재시술이 필요한 경우가 있으며 여드름 흉터치료의 사용은 제한적이다.

② 아쿠아미드

주로 융비술에 시술되고 있는 필러이다. 대부분의 물 분자를 2.5%의 PAAG 성분이 둘러싸여 그물이 점성과 탄력성, 신축성을 가진 물질로 되어 주변조직의 근육 움직임이나 미세한 피부의 움직임에도 필러가 자연스럽게 순응하는 장점이 있다.

③ 래디어스

칼슘을 기반으로 한 성분으로 주름과 꺼진 부분의 볼륨을 채워줄 뿐만 아니라 새로운 콜라겐 생성을 촉진해 효과 지속기간을 늘려준다.

### (3) 콜라겐 필러

콜라겐은 인체의 뼈, 피부, 힘줄, 인대, 혈관 등 거의 모든 장기의 구조를 결합하고 유지하는 역할을 하는 단백질이다. 최근에는 동물이 아니라 자가이식 치료받는 환자로부터 수술 시 직접 제거된 피부조직에서 추출된 콜라겐 제품이 사용되고 있다. 제조공정, 제조방법이 복잡하고 제조하는데 드는 시간이 너무 많이 걸리는 단점이 있으나 동물을 원료로 만들어진 콜라겐 필러와 달리 과민 반응이 없고, 1~4회 주입으로 최고 18개월 이상 지속되는 장점이 있다.

## 3. 자가 지방이식 Fat transplantation

### 1) 정의

인공물질인 필러의 한계를 보완하는 시술로 자기 지방을 채취하여 자기 몸에 넣는 시술이다. 안면 윤곽술에 많이 사용되며, 복부나 허벅지 등에서 지방을 채취하여 원심분리기 등으로 불필요한 성분을 제거하고 순수한 지방세포들을 분리하여 주로 이마, 팔자주름, 움푹 패인볼, 관자놀이 등에 주입한다.

### 2) 자가 지방이식과 필러

| 구분 | 자가 지방이식 | 필러 |
|---|---|---|
| 마취 | 국소마취 및 수면마취 | 국소마취 |
| 시술 회복기간 | 1～2일 | 없음 |
| 시술 효과 지속기간 | 1～2년 이상 | 6개월～1년 |

## 4. 물광주사

최근에 임상적으로 많이 사용되고 있는 시술로 음압과 멀티주사를 이용하여 얼굴의 피부 진피층에 히알루론산을 투입하여 얼굴에 미백작용과 탄력, 보습을 주어 항노화 치료로 각광받고 있다. 히알루론산을 피부조직에 주입하게 되면 피부를 더욱 촉촉하고 탄력 있게 유지하도록 해주며, 피부결을 밝고 화사하게 만들어주는 효과를 나타낸다.

시술 시 통증을 덜하기 위해 마취크림을 바르고 30분쯤 후에 시술을 시작한다. 보통 1회~5회 정도 시술하며 시술 주기는 피부상태에 따라 1~2개월 간격으로 진행하며 약물의 적정량을 정확한 깊이에 주입한다. 31G 멀티 니들을 사용하며, Vacuum 장비를 이용하여 시술하므로 통증이나 멍 등의 부작용이 적다.

손상피부 재생, 여드름 흉터 개선, 잔주름 완화, 수분공급 등의 효과가 있다.

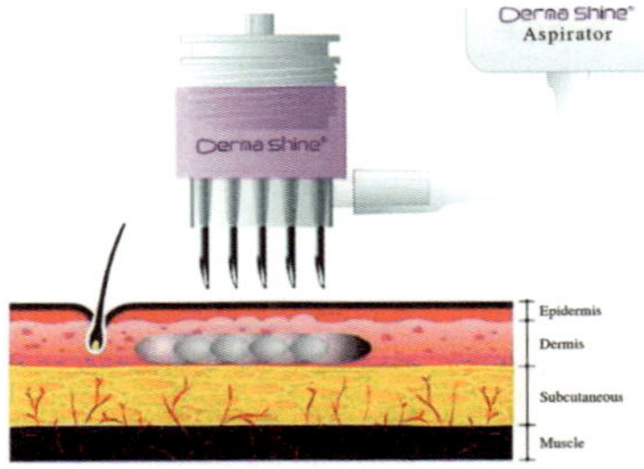


물광주사

## 5. 자가혈 피부재생술 Platelet Rich Plasma, PRP

'혈소판이 풍부한 혈장'이라는 뜻으로 자신의 혈액을 채혈하고 특수 처리 및 원심 분리한 후 피부에 바르거나 주사하여 피부재생을 유도하는 치료법이다.

환자의 혈액을 10~50cc 채취하여 원심분리한 후 혈장하단부의 혈소판이 가장 풍부하게 함유된 부분에서 추출한다. 이렇게 추출한 PRP에는 혈소판으로부터 분비되는 PDGF, TGF-β, VEGF, EGF, IGF 등의 성장인자와 피브린, 비트로넥틴, 오스테오넥틴 등 세포부착분자가 많이 함유되어 있어서 이 성분들이 세포증식, 콜라겐 생성, 히알루론산 생성, 상피세포 성장 촉진, 혈관 신생, 상처 치유를 촉진하게 된다.

PRP를 추출한 후 칼슘이나 트롬빈을 넣어 활성화시킨 후에 다시 피부에 주사하거나 바르면 활성화된 혈소판이 주위의 세포를 자극하여 콜라겐이나 엘라스틴을 만들어 피부를 재생시켜 잔주름 감소, 꺼진 부위의 볼륨증가, 피부톤 개선 등의 효과가 있다. 또한 탈모치료에도 사용되고 있으며 다른 시술과 병합요법으로 치료가 가능하며, 다양한 치료 효과를 볼 수 있다. MTS나 프락셔널 레이저 후에 피부에 도포하는 형식으로 여드름 흉터치료 등에 사용되고 있다. 시술 후 3~6주 정도부터 효과가 나타나며 지속기간은 6~12개월 정도 유지된다.

외부 합성물질이 아닌 자신의 생체 내 조직을 이용하므로 감염 및 거부반응, 알레르기 반응이 없으며 심리적 안정 효과가 있으나 약간의 통증과 멍, 부종 등이 생길 수 있고, 시술자에 따라서 만족도가 다르게 나타날 수 있다.

# 6. 실 리프팅

주름을 펴는 동안 시술로는 보톡스나 필러 주사, 최근 들어 실을 피부 밑에 삽입하는 실 리프팅이 각광받고 있다. 이 시술법은 시술시간이 짧고 절개 없이 바로 실을 삽입하기 때문에 붓기, 흉터에 대한 부담이 적으며 성형수술에 비해 후유증 및 비용에 대한 부담이 적다.

최근에는 녹는 실 PDO FT, polydioxanone fine thread 을 진피 아래에 삽입해 처진 피부를 당겨 올려주며, 양방향 돌기를 가진 녹는 실을 이용하여 리프팅 효과를 낸다.

시술 후 약 2주 정도는 이물감이 느껴질 수 있으나, 일상생활에 지장을 줄 정도는 아니며 당겨진 부위에 새로운 콜라겐이 생성되기 시작하여 약 2개월 후면 최대 효과를 나타낸다.

### 실의 종류

- 이지 리프팅 : 실에 돌기가 생성되어 있어 민자 실보다 피부 처짐을 고정시켜주는 힘이 강하여 V라인 개선효과가 뛰어나며 효과가 오래 유지된다.
- 해피 리프팅 압토스실 : 콜라겐 재생력이 더해진 특수 실로 피부 탄력 복원, 콜라겐 생성, 리프팅 효과가 좋다.
- 마이다스 리프팅 : 기존의 녹는 실에 코그 COG 라는 돌기를 부착하여 실의 돌기가 피부의 진피층과 연부 조직층에 걸쳐 지지대 역할을 하게 만든다. 실이 피부를 당겨주는 힘을 극대화할 수 있어 리프팅 효과를 얻을 수 있고 콜라겐 및 탄력섬유등의 생성을 촉진하는 효과가 있다.

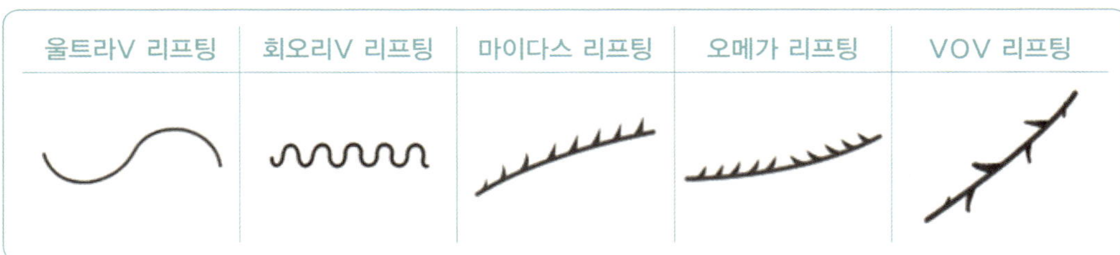

## 7. 줄기세포 치료

줄기 세포는 다양한 유형의 세포 형태로 분화할 수 있는 능력이 있는 세포로 인체의 모든 세포나 조직의 기원이 되며 우리 몸의 근육이나 뼈, 뇌, 피부 등 신체기관의 조직으로 분화할 수 있는 능력을 가진 기본세포를 말한다.

우리 몸에 상처가 나거나 염증이 생겼을 때 염증세포와 혈관내피세포, 섬유모세포 등이 작용하여 콜라겐과 혈관 등의 진피를 재형성하는 과정이 일어난다. 이때 줄기세포는 여러 가지 성장인자와 싸이토카인을 분비하여 진피 재형성 과정에서 중요한 역할을 하게 된다. 신체에 존재하는 200개 세포 유형 중 하나로 자체 성장할 수 있는 능력을 지닌 줄기 세포는 당뇨병, 백혈병, 파킨슨병, 심장병, 척수외상을 비롯한 수많은 질환을 치료하는 데 유용하게 이용되며, 현재는 골수보다 1000배 이상의 줄기세포를 함유하고 있는 지방 줄기세포가 다양한 치료영역에서 넓게 사용되고 있다.

줄기세포 치료 시술은 허벅지나 복부 등에서 지방을 채취한 후 원심분리를 통해 줄기세포를 채취하여 줄기세포를 단독으로 사용하거나 지방세포와 혼합하여 사용한다. 주로 여드름 흉터나 피부재생의 빠른 촉진으로 치유가 필요한 피부병변에 사용되고 있다.

줄기세포 배양이나 성장인자 추출에는 첨단 과학기술에 의한 상당한 수준의 배양 기술과 공정을 필요로 하므로 우리나라가 줄기세포에서는 세계적으로 앞서 나가고 있다. 피부미용 분야에서도 활발하게 연구가 진행되고 실제 임상에서 다양한 제품으로 응용하여 사용되고 있다. 치료법이 개발된 지 얼마 안 되었고, 응용 기간이 길지 않아 데이터가 부족하지만 현재까지 부작용이 적고 비교적 만족스러운 효과를 보이고 있어 많은 관심과 기대를 모으고 있다.

## 평 가

1. 보톡스와 필러의 특징을 비교 설명하시오.

2. 자가 지방이식과 자가혈 피부재생술 Platelet Rich Plasma, PRP 을 설명하시오.

## 해답 & Tip

**1** 보톡스는 소량의 보툴리눔 톡신 Botulinum toxin 을 주사하여 신경전달물질 아세틸콜린, Acetylcholine 을 차단시킴으로써 근육을 마비시키거나 땀샘의 기능을 일시적으로 줄여주는 시술이다. 근육이 과도하게 수축되는 신경근육질환의 치료 영역에 광범위하게 사용하게 됨으로써 1989년에 미국 FDA로부터 정식 허가를 받아 주름 등 미용적인 목적 또는 겨드랑이나 손, 발의 국소다한증에도 널리 사용되고 있다. 보톡스 시술의 추가 보정은 2~4주 후에 가능하며, 효과 유지기간은 일반적으로 6개월 정도이다. 적절한 부위에 적당량을 시술하지 않으면 표정이 어색해지는 부작용이 나타날 수 있다.

필러는 인체와 유사한 성분의 물질을 피부의 꺼진 부위에 주사하여 채워주는 시술이다. 연조직 확대술을 위해 사용되고 있는 제품으로 주름이나 흉터 등 피부의 미용학적 치료를 위해 사용되거나 코, 입술, 이마 등 볼륨 보충을 통한 안면 윤곽술로 사용되고 있다. 필러 시술의 추가 보정은 2~4주 정도 후에 효과를 확인한 후 가능하다. 염증반응, 부종, 피부 괴사, 통증, 시력감소 등의 부작용이 있을 수 있으며, 혈관이 많이 분포되어 있는 눈이나 코 주변, 입술에 잘못 시술할 경우 조직괴사, 실명 등 심각한 부작용이 발생할 수 있다. 필러의 종류는 크게 히알루론산 필러와 비히알루론산 필러로 나눌 수 있다. 유지기간은 6개월에서 2~3년 정도이며, 필러 종류와 시술에 따라 차이가 있다.

**2** 자가 지방이식은 자기 지방을 채취하여 자기 몸에 넣는 시술이다. 안면 윤곽술에 많이 사용되며, 복부나 허벅지 등에서 지방을 채취하여 원심분리기 등으로 불필요한 성분을 제거하고 순수한 지방세포들을 분리하여 주로 이마, 팔자주름, 움푹 패인볼, 관자놀이 등에 주입한다.

자가혈 피부재생술은 자신의 혈액을 채혈하고 특수 처리 및 원심 분리한 후 피부에 바르거나 주사하여 피부재생을 유도하는 치료법이다. 피부를 재생시켜 잔주름 감소, 꺼진 부위의 볼륨 증가, 피부톤 개선 등의 효과가 있다. 또한 탈모치료에도 사용되고 있으며, 다른 시술과 병합요법으로 치료하였을 때 다양한 치료 효과를 볼 수 있다. 외부 합성물질이 아닌 자신의 생체 내 조직을 이용하므로 감염 및 거부반응, 알레르기 반응이 없으며 심리적 안정 효과가 있으나 약간의 통증과 멍, 부종 등이 생길 수 있고, 시술자에 따라서 만족도가 다르게 나타날 수 있다.

# CHAPTER 07 메디컬 치료 장비의 종류와 특성

## 1. 피부미용기기 이론과 종류

### 1) 안면관리 기기

#### ① 갈바닉 기기

이탈리아 볼로냐 대학의 해부학 교수인 Galvani에 의해 낮은 전압의 직류가 발명되어서 갈바닉 전류 Galvanic current 라 하며, 이 전류를 이용한 미용기기를 갈바닉 기기라고 한다. 침투가 잘 안 되는 이온물질을 직류 전류를 이용하여 피부 안으로 침투 시키는 기기이다.

㉠ 갈바닉 전류와 이온도입의 원리

직류 전류는 전류의 크기가 항상 일정하며, 전자의 흐름이 변하지 않고 계속 한 방향으로 흐르는 전류이다. 물질이 전류에 의해 피부 속으로 침투되기 위해서는 이온화 Ionization 되어 있는 물질을 이용해야 한다. 이 물질이 전류의 극성에 따라 이동하는 전기영동 Electrophoresis 또는 이온이동 Ion transfer 의 원리에 의해 이온화된 물질의 이온이 피부 속으로 침투시키는 것을 이온도입 Iontophoresis 이라고 한다. 이때 사용되는 물질은 물질이 물에 녹아 해리 Dissociation 되는 전해질 Electrolyte 의 성질을 지니고 있어야 한다. 물질분자들이 전하를 띠게 되어 양전하를 띠는 입자 양이온 Cation 과 음전하를 띠는 입자 음이온 Anion 으로 나뉘어지는 현상, 즉 이온화가 일어나는 물질을 전해질이라 한다.
양이온은 양극을, 음이온을 음극을 이용하여 물질의 이온과 같은 극을 활성화시켜 피부 속으로 이동시키는 것이 이온도입의 중요한 원리이며, 물질의 침투는 전류 강도의 크기, 물질용액에 따라 달라질 수 있다.

갈바닉 기기의 전극봉은 산성화상 방지를 위하여 팔뚝이나 등, 혹은 손에 쥐는 접지 역할을 하는 전극판 물 적신 스펀지나 부직포 혹은 섬유류 과 함께 구성되어 있으며 핀셋형과 롤러형 그리고 마스크 형태가 있다.

### ② 극의 효과 Polar effect

피부에 있는 염화나트륨 NaCl 이 물에 녹으면 $Na_2$과 $Cl^-$으로 해리되어 존재될 때 전류를 흐르게 하면 1차 화학반응으로 $H_2O$는 H+와 $OH^-$으로 전리된다. 이온화된 $Na_2$은 음극으로 Cataphoresis, $Cl^-$은 양극으로 Anaphoresis 끌리게 된다. 이와 같이 음·양 이온이 각각 음·양극에 도달하면 2차 화학반응이 일어나 새로운 화합물이 형성되는데 음극에서는 NaOH 수산화나트륨 과 $H_2$ 수소 가, 양극에서는 HCl 염산과 $O_2$ 산소 가 발생한다.

또한 직류 전류는 전기삼투 Electro-osmosis 의 성질이 있어서 조직 속 수분 함량을 이동시키는 화학적 효과가 있으며, 전극봉 밑에서 발생하는 극으로 음극과 양극이 서로 다른 효과를 발생하게 된다. 또한 전극봉의 극과 극 사이의 조직에서 발생하는 내부적 효과 즉, 구간의 또 다른 효과를 나타나게 된다.

㉠ 음극봉 효과 : 기미·건성·노화 피부 관리에 효과적이며, 피부조직의 연화와 신경자극으로 혈액공급이 증가되어 영양 및 산소공급 촉진과 모공과 한선의 확장효과로 먼지·피지·노폐물 제거에 도움을 주어 피부세포의 신진대사를 증가시켜 준다. 알칼리성 반응을 일으키는 성질이 있어 알칼리 용액을 침투시키고자 할 때 사용되는 극이다.

㉡ 양극봉 효과 : 신경안정으로 진정효과와 혈액공급의 저하, 모공과 한선 수축으로 피부조직의 강도로 탄력 상승과 산소 발생으로 조직의 활성화가 일어난다. 산성반응을 일으키는 성질로 산성용액 침투에 사용된다.

㉢ 극간의 효과 Interpolor effect : 전극봉 사이 조직 속의 전류속도는 수분함량 및 이온 조성과 깊은 관계가 있어서 혈액과 림프의 이동이 증가되는 효과를 나타내게 된다. 따라서 건성 피부는 전기저항이 높아 화학 화상 Chemical burn 이 생길 수 있으므로 음극 전극 밑에서 화학화상 방지를 위하여 피부저항을 낮추려면 피부표면을 물로 적셔 열효과를 감소시켜 주어야 한다.

조직 전체의 혈액순환 증가로 신진대사가 촉진되며, 노폐물 제거 속도가 빨라진다. 또한 세포막 투과성이 증가되어 세포의 신진대사도 아울러 증가된다.

| 피부상태 | 극성 | 제품 | 효과 |
|---|---|---|---|
| 건성, 색소,<br>노화피부 | 음(−) 극 | 비타민 C<br>태반추출물<br>히알루론산<br>식물추출물 | 색소침착 개선<br>잔주름 · 탄력 개선<br>보습 강화 |
| 모세혈관 확장,<br>민감성 피부 | 양(+) 극 요주의 | 하마멜리스<br>아줄렌<br>알란토인<br>비타민 B군 | 피부진정<br>피부 탄력 · 증진 |
| 지성, 복합성,<br>여드름 피부 | 양(+) 극<br>음(−) 극 | 하마멜리스<br>비타민 B군 | 모공 수축<br>피비분비 감소<br>여드름 예방 |

③ 적용

㉠ 이온토포레시스 : 전기의 같은 극끼리는 반발하고 다른 극끼리는 끌어당기는 전기적 성질을 이용하여 이온화된 물질을 피부 속으로 이동시키는 관리 방법이다. 피부 흡수가 어려운 이온성 물질, 즉 겔, 앰플, 세럼, 비타민 C 등의 수용성 영양농축액의 유효성분의 피부 침투가 가능하다. 혈액순환과 세포의 신진대사 향상, 피부 속의 수분 흡수력을 증가시키며 피부재생능력이 향상되고, 피부 조직 내 보습력 증가, 림프순환 촉진, 색소침착 부위의 미백효과 등이 있다. 용액의 농도와 전류강도의 크기에 따라 침투에 영향을 미치므로, 필수적으로 제품의 기기 사용에 대한 설명서를 숙지한 후에 실시해야 한다.

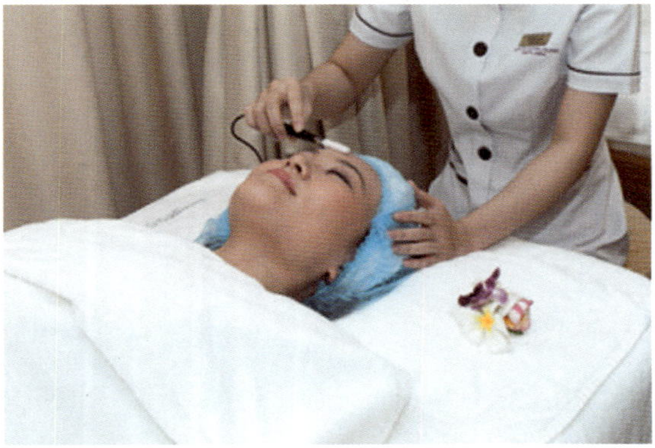

이온토포레시스

ⓛ 디스인크러스테이션 : 적용법은 이온토포레시스와 동일하나 전극봉은 반드시 음극으로 실시하되 고객은 반대 극성의 전극판을 적용시킨다.

안면박리 또는 노폐물 각질 제거라고 하는 딥 클렌징 단계로 음극봉에서 발생되는 알칼리 NaOH 수산화나트륨 에 의해 피지를 유화시켜 용해하고 각화된 각질세포 제거와 모공 속의 노폐물 제거에 효과적인 관리방법이다. 주로 식염수나 세정 앰플을 이용하여 복합성 피부의 T-zone 부위, 지성, 여드름 피부의 과잉피지 제거에 이용된다.

**사용방법 & 주의사항**

- 관리 전 고객의 몸에 금속류 유무를 반드시 확인하여야 하며, 침투 물질의 제품 특성과 지침서를 확인하고 실시하여야 한다.
- 고객의 피부에 패드를 부착한 후 전원을 켠다.
- 전류의 세기 강도는 고객의 느낌에 따라 서서히 증감시켜 조절해야 한다.
- 눈 주위의 관리는 피하며, 전극봉의 금속 부위가 피부에 닿지 않도록 한다.
- 화학화상의 위험 우려가 있으므로 피부표면은 항상 수분이 존재할 때 관리한다.
- 극성의 변환 시에는 반드시 스위치를 끈 상태에서 변환시켜야 한다.
- 관리가 끝나면 전원을 먼저 끈 후 고객의 몸에서 패드를 제거한다.
- 관리 시간은 15분을 넘기지 않아야 하며 횟수는 주 3회를 넘지 않도록 한다.

**금기피부**

- 인공심장기, 인공신장기 사용자, 몸속 금속류를 이식한 자
- 열성질환, 전염성 피부질환, 염증성 피부질환이 있는 자
- 모세혈관 확장, 과민성, 상처부위 피부
- 임산부와 신경증 환자로 전기 충격에 약한 자
- 심장병, 고/저혈압, 당뇨병, 간질병, 수술 직후 환자

## 2) 리프팅 기기

약한 전류로 자극하여 대뇌효과와 순환효과 및 수축효과를 증진시켜 젊고 탱탱한 근육으로 회복시켜 주는 기기이다. 탄력이 없어 늘어진 피부 근육을 전기적 자극을 이용하여 근수축의 효과를 나타냄으로써 피부 근육의 탄력 회복에 도움을 주게 된다.

### (1) 직류 전류

리프팅은 수의근에만 관계함으로써 대뇌의 감지에 의해 말초신경의 흥분으로 근육 내 긴장이 유지되어 탄력을 회복시켜 주는 원리이다.
직류 전류의 생물학적 효과는 순환 증가, 근육 이완과 토닝, 치료 효과 확대, 회복 촉진, 통증 완화를 리프팅에 이용한다.

### (2) 중·저주파 전류

낮은 주파수 전류는 근육 깊은 곳까지, 높은 주파수는 표피선에서 영향이 미치게 되며, 안면근육 자극을 위한 주파수는 중주파 4000Hz 이하, 저주파 500Hz 이하의 낮은 전류의 세기 20~640mA 와 여러 가지 파형과 주파수를 단계별로 자동 혹은 수동으로 변경 조절되면서 관리하는 기기이다.
전기 자극에 의해 혈액과 림프순환이 촉진되어 세포의 신진대사 증진, 결합조직과 근조직의 강화로 피부탄력이 증강되고 지방층의 대사활동을 자극하는 효과가 있다.
중·저주파는 저항이 작고 느낌이 부드러우며 몸 속 금속 유무와 관계없는 전류로써 혈관확장과 근육토닝은 3~5Hz, 근육이완은 100Hz, 혈액과 림프순환 증진 및 신진대사 활성화와 세포기능 증대 기능은 Hz 주파수로 관리한다. 특히 눈 주위와 이중턱 관리 시에는 아주 낮은 주파수 0.5~100Hz를 이용하고 일반적으로 주름과 리프팅 관리는 3~4,000Hz로 주파수를 폭넓게 사용한다.
안면관리 시간은 보통 30~45분씩, 집중관리는 1주 2회, 유지 예방관리는 2주 1회 정기적으로 관리한다.

### (3) 초음파 리프팅 기기

결합조직 형성세포 섬유아세포의 재생과 교원섬유 생성을 자극하여 탄력을 회복시키는 리프팅 효과의 원리를 이용한 기기이다.
초당 20000Hz 이상의 진동음을 내는 초음파가 매 초당 100~300만 번 이상씩 세포를 때려주는 작용으로 세포 깊숙한 곳에서 온열효과가 발생하여 순환계 활동에 도움을 준다. 또한 신경조직 자극으로 피부세포의 신진대사 촉진을 상승시켜 영양의 흡수율을 높여 피부의 긴장감과 탄력감을 부여시켜 안면 윤곽이 뚜렷해지는 효과를 나타낸다.
초음파 리프팅 기기는 초음파의 온열효과를 이용하여 콜라겐과 엘라스틴 섬유의 재생작용으로 안면 근육 탄력을 회복시킴으로써 물리 화학적 효과를 발생하는 리프팅 기기의 적용기 모든 금속물을 제거한

다음 겔을 직접 도포하거나 헤드에 도포하여 안면 부위에 밀착시킨다. 초음파는 전자파와 달리 에너지가 조직에 전달되기 위하여 초음파 변환기 헤드부분 표면과 피부 표면 사이에 전달 매개물질이 존재해야 표면 사이에 존재하는 공기에서 현저하게 감소되는 초음파 에너지를 방지할 수 있기 때문에 초음파 전용 겔을 이용해야 한다. 헤드의 방향은 림프절 방향으로 중심에서 바깥쪽을 향하며, 턱과 볼은 밑에서 위쪽을 향하여 5~15분 동안 실시한다.

### 3) 고주파 기기

주파수 100,000Hz 100Hz 이상의 교류전류를 고주파 전류 HFC ; High-frequency current 라 하며, 진동폭이 매우 짧아 화학적 반응, 즉 이온운동이 전혀 없이 진동전류 에너지는 열에너지로 빨리 전환된다. 감각 신경이나 운동신경을 자극하지 않아 근수축이나 불편감을 느끼지 않고 특정부위만을 가열할 수 있는 심부열 효과를 나타내는 기기이다.

적용 방법에는 직접법과 간접법 두 가지가 있는데 안면과 전신 모두 사용이 가능하며 각각 서로 다른 효과를 발휘하므로 고객에게 적절한 방법을 선택하여 사용한다.

#### (1) 직접 적용 방법의 효과

① 스파클링 기능에 의한 오존형성과 열, 자외선에 의하여 세균 살균 효과가 있어 염증성 여드름과 흉터 개선에 도움을 주고 피부신경 종말 자극으로 모공수축 작용을 한다.

② 근육 내 열 발생이 신진대사 촉진을 증가시켜 산소 및 영양 공급과 노폐물 배설을 증가시켜, 지성과 건성, 노화와 복합성 피부의 문제점을 개선시킨다.

③ 열 생산에 의한 혈액순환 촉진과 피지선 활동 증가로 건성 피부의 윤기를 부여시키고, 미열은 신경종말을 진정시켜 편안한 느낌을 갖게 한다.

#### (2) 간접 적용 방법의 효과

① 온열현상으로 기초대사량이 증가되어 피부상태를 호전시킨다.

② 미열과 경찰마사지의 작용으로 감각신경종말에 진정효과를 주고, 근육의 긴장완화에 도움을 주지만 살균효과는 없다.

③ 혈액순환 증가로 약간의 홍반 현상이 나타나며, 근육 내 상태의 온열효과와 현상으로 영양 및 산소 공급 증가와 노폐물 배설 속도가 증가되어 근육상태 호전으로 노화와 건성 피부를 개선시킨다.

### 주의사항 및 비적용증

- 고객의 신체에 접촉된 금속물질을 모두 제거한 후 기기소음과 관리과정 및 효과를 설명한다.
- 간접법 적용 시 고객의 홀더와 전극봉을 잡을때 스파클링 현상을 방지하기 위해 꼭 잡도록 한다.
- 직·간접법 모두 골격 부위는 특히 주의하여야 한다.
- 직·간접법 모두 민감성 피부, 피부의 찰과상, 혈관 이상, 다모부위, 체내 금속물, 신경 과민증, 피부염 또는 기타 피부장애가 있는 경우에는 관리를 금한다.
- 간접법은 고주파 전류가 신체 깊숙이 통전되므로 임산부, 생리 중, 당뇨병과 간질증 환자 및 인공심장박동기 착용자는 절대 금한다.

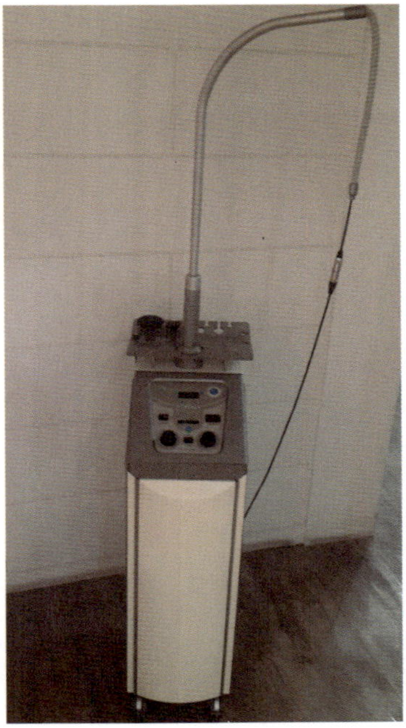

고주파기기

### 4) 초음파 기기

진동 주파수가 17,000~20,000Hz 이상으로 불가청 진동음파로서 인체 조직과 피부 세포 간에 아주 미세한 진동을 일으켜 열과 역학적 에너지를 생산해내는 음향에너지로서 인체 신진대사를 촉진하여 피부미용적 효과를 나타낸다. 인체 적용 시 열과 역학에너지를 발생하는 초음파의 전형적인 피부미용학적 효과는 온열효과와 물리적 및 화학적 효과로 나타나게 된다.

#### (1) 온열 효과

① 조직의 온도상승에 의하여 혈관 내 혈류량의 증가로 혈액순환이 촉진되어 혈관의 기능이 강화된다.
② 림프 활동과 조직의 대사활동의 증진으로 생체막 투과성이 상승되고, 음향효과에 의한 영양물질의 확산속도 증진으로 흡수속도가 촉진된다.
③ 순환계 활동에 자극을 주어 노폐물 제거와 피부활성화 상승효과가 나타나므로 안면 피부미용에 활용된다.

#### (2) 물리적 · 화학적 효과

① 거품 생성으로 분비물 배출 활성이 이루어져 피부의 세정작용과 미세한 마사지 효과가 생겨 세포구조의 이완 작용 및 부종 감소에 효과가 나타난다.
② 섬유아세포가 활성화되어 콜라겐과 엘라스틴의 생성을 증가시키게 되는 화학적 효과로 피부의 주름과 여드름 흉터의 완화와 탄력이 증가된다.
③ 신체 일부의 지방을 분해하여 생성된 지방산의 배출을 극대화시키는 작용으로 전신 비만이나 복부비만 관리에 이용된다.

### 주의사항 및 비적용증

- 프로브나 전극형 헤드 사용 시 매개물질은 충분한 양을 도포하여 피부표면의 자극과 기기 기능의 약화를 방지해야 한다.
- 눈 주위, 갑상선 주위는 관리를 피한다.
- 관리 도중 약간의 홍반은 가라앉지만 예민성 피부일 경우 트러블의 원인이 되므로 즉각적으로 관리를 중지한다.
- 관리 후 프로브와 헤드의 금속 표면이 상처가 나지 않도록 주의해야 하며, 중성세제나 소독용 알코올로 세척 소독 후 건조시켜 보관한다.
- 인공심장박동기 착용자, 악성종양 환자 및 징후 환자는 절대 금한다.
- 안면 성형이나 피부과 수술 후 3개월이 지나지 않은 자는 관리를 금한다.
- 열린 상처나 염증 부위, 눈 주위, 귀 부위는 금하며, 임산부, 심장질환자, 혈압 이상자, 열성환자, 혈전증, 어린이 등은 사용을 금한다.

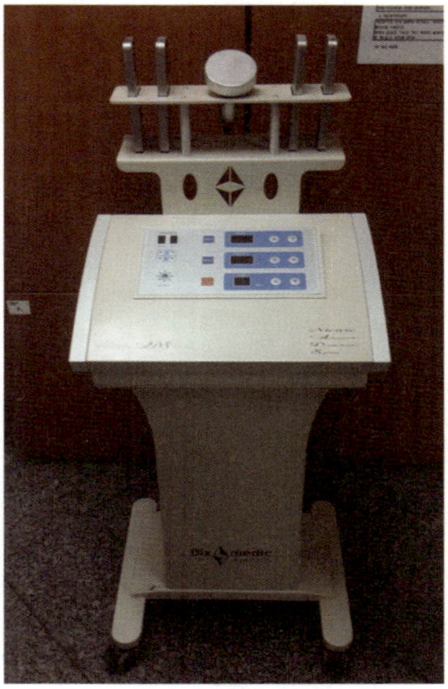

초음파기기

# 2. 레이저 특성과 치료

## 1) 레이저의 개념 및 역사

레이저 LASER 는 Light Amplification by Stimulated Emission of Radiation의 줄임말로 방사의 유도 방출에 의한 빛의 증폭으로 단 하나의 파장을 갖는 강력하고 순수한 빛을 말한다.

1913년 덴마크의 물리학자 닐스 보어가 레이저가 가설을 발표, 1917년에 아인슈타인이 레이저 이론을 정립하였다. 이후 1960년 휴즈연구소의 마이만에 의해 694.3nm의 붉은색 루비 레이저가 최초로 발진에 성공한 후 레이저라는 용어가 널리 쓰이기 시작하였으며, 1964년 이스라엘 외과의사에 의해 의학에서의 레이저가 첫 도입되었다. 아르곤 Argon, 이산화탄소 $CO_2$, 반도체 레이저 등 다양한 종류의 레이저가 개발되어 여러 산업 분야에서 널리 이용되고 있다. 의료용 레이저는 초기에는 루비레이저를 이용한 반점 제거와 혈관 응고에 주로 사용되었지만 탄산가스레이저 개발 이후 조직 절개 수술에 사용되었다. 현재는 피부과 영역에서 레이저가 차지하는 위치가 점차 확대되고 있으며 약 20~30년 전까지만 해도 치료가 불가능하였던 질환들에 대해 최선의 치료방법으로 선택되어 진단과 치료를 위해 다방면으로 사용되고 있다.

## 2) 레이저의 종류와 특성

레이저의 매질은 기체, 고체, 액체, 반도체 등이 될 수 있고 대개는 사용된 매질에 따라서 레이저의 명칭이 붙여진다. 고체 매질로는 엔디야그, 알렉산드라, 루비레이저가 있고, 액체 매질로는 색소 Dye 레이저가 있으며, 기체 매질로는 탄산가스, 아르곤, 헬륨네온 레이저, 반도체 매질로는 다이오드 레이저가 있다.

파장에 따라서 자외선대, 가시광선대, 적외선대 레이저 등으로 분류할 수 있으며, 용도에 따라서 색소 병변용 레이저, 혈관용 병변용 레이저, 수술용 레이저로 분류하기고 한다.

### (1) 어븀야그 레이저

2,940nm 파장으로 수분을 함유한 조직세포에 흡수되며, 박피 깊이는 $CO_2$ 레이저에 비해 깊지는 않지만 물에 대한 흡수도는 $CO_2$ 레이저보다 12~18배 뛰어나므로 시술부위를 정교하고 균일하게 깎아낼 수 있다. 야그에 어븀을 첨가한 매질을 사용한 고체 레이저로 열손상이 적어 레이저 박피술에 많이 이용되며, 피부재생을 활성화시켜 피부결을 개선해준다.

수둣자국, 여드름 흉터, 주름살 제거, 사마귀나 검버섯 치료 등에 주로 쓰인다.

### (2) Q 스위치 레이저

#### ① 레이저 토닝

1064nm Q스위치 엔디야그 레이저를 사용하며, 비교적 낮은 에너지 밀도로 넓은 스팟 사이즈를 이용한다. 멜라닌 세포의 파괴가 일어나지 않으므로 기미 및 색소병변 치료에 효과적이며 일상생활에 지장이 적고 부작용 부담이 적다.

1주 간격으로 반복 치료하며 8~10회 시술 시 50~80%의 기미 호전을 보이며, 레이저 시술후 이온영동법 등으로 재생관리와 병행하면 기미치료에 도움을 준다.

#### ② 루비 레이저 Ruby Laser

루비를 매질로 하는 694nm 파장의 레이저로 멜라닌 색소에 가장 뛰어난 흡수 파장을 가지고 있어 색소만 집중하여 제거하면서 주변 조직에는 손상을 주지 않는다.

인조 루비를 이용한 고체 레이저로 순간적으로 강한 빛이 발생되는 펄스파 레이저이며 높은 멜라닌 흡수력으로 색소 병변이안 문신 치료에 사용된다. 제모 시에는 좀 더 긴 펄스를 사용하며 루비레이저에 Q스위치를 부착하며 Q스위치 루비 레이저가 된다.

주근깨, 오타모반, 검버섯, 지루성 각화증, 문신 제거 등에 적용되며, 옅은 색소는 1~2회, 문신은 1~5회, 기미는 상태에 따라 1~10회정도 시술한다.

#### ③ 엔디야그 레이저 Nd : Yag Laser

532nm, 1064nm의 짧은 파장과 긴 파장을 가지고 있어 표피와 진피의 색소 질환 모두에 작용한다. 532nm의 파장은 주로 주근깨, 검버섯 치료에 이용되며, 1064nm 파장은 침투 깊이가 깊기 때문에 문신과 오타모반 같은 색소병변 치료에 사용된다.

피부과 영역에서 탄산가스 레이저와 함께 사용빈도가 높으며, 야그에 네오디늄 Nd 을 활성물질로 첨가하여 매질로 이용한다.

문신, 주근깨, 잡티, 검버섯, 기미, 오타모반, 흑자 점 등에 적용되며, 일반적으로 1~3회 시술로도 효과가 있으나 색소가 짙고 깊은 경우는 1~2개월 간격으로 5~10회 이상 시술하며 치료 병변에 따라 다운타임이 달라진다.

#### ④ 알렉산드라이트 레이저 Alexandrite Laser

755nm 파장으로 주로 검정과 파란색 문신과 오타모반 제거에 이용되며, 40msec 조사가 가능한 신기종이 개발되어 모낭을 파괴하는 제모 치료에도 이용되고 있다. Q스위치를 부착한 Q스위치 알렉산드라이트 레이저는 보석을 매질로 사용하는 고체레이저로 아주 짧은 시간동안 강력한 에너지를 발생하기 때문에 피부조직의 손상 없이 치료가 가능하다.

### (3) 색소 레이저 Dye Laser

피부 표피에 존재하는 멜라닌을 통과하며 목표로 하는 산화 헤모글로빈까지 도달하여 주위의 조직 손상 없이 오로지 혈관만을 파괴하는 레이저이다.

주로 유아혈관종, 화염상 모반, 모세혈관 확장증, 거미상 모반, 화농성 육아종 등의 주로 혈관성 질환 치료에 사용되고 있다.

### (4) 탄산가스 레이저 $CO_2$ Laser

피부조직을 기화하여 파괴하는 방법과 출혈 없이 절개하는 방법, 두 가지로 활용된다. 안전과 효율성이 높고 살균기능까지 있어 감염의 위험이 없으며, 의료용으로 가장 많이 보급된 레이저이다.

점, 사마귀, 검버섯, 한관종, 비립종, 쥐젖, 티눈, 양성 종양 제거, 눈밑지방제거술 등 치료 영역이 넓게 쓰여 효율성이 높다.

### (5) 롱펄스 레이저

긴 파장으로 표피 손상없이 진피층의 혈관이나 색소병변을 개선하고, 세포를 활성화시켜 탄력과 주름을 개선한다.

### (6) 프락셔널 레이저

스캐너, 스탬프, 롤링 타입 3가지의 조사 방식이 있으며, 수많은 마이크로 레이저빔을 이용하여 미세한 구멍을 통해 진피층까지 강력한 열에너지를 전달하여 콜라겐 생성을 촉진하고 피부 재생을 활성화시키는 레이저이다. 모공, 색소, 주름, 흉터 등 전반적인 피부 개선에 효과적이다.

### ① 비박피성 프락셔널 레이저 Non ablative 프락셔널 레이저

Nd : Yag 1440nm, Diode 1460nm, Er : Glass 1550nm, 1410nm 등의 매질을 이용하는 근적외선 영역의 파장으로 수분 흡수율이 높으며, 피부를 깎지 않고 피부 속에 열기둥만 만들어주는 레이저이다.

박피레이저는 표피와 진피의 재생효과가 뛰어나지만 상처 회복기간이 필요하고 홍반과 색소침착으로 일상생활에 불편을 주는 단점이 있다. 이런 단점을 보완하기 위하여 비박피성 레이저들이 개발되었다.

표피의 열손상 없이 진피의 온도가 올라가면 콜라겐 섬유의 변성이 일어난다. 이런 레이저들은 표피보호를 위한 냉각장치를 사용하고 효과를 보기 위해서는 2~6주 간격의 반복치료가 필요하다.

### ② 박피성 프락셔널 레이저 Ablative 프락셔널 레이저

$CO_2$ 10600nm, Er : YAG 2940nm 의 매질을 이용한 레이저로 높은 수분 흡수율과 증발 작용이 강하며 이산화탄소 레이저와 어븀 야그레이저는 박피레이저로 창상 유지기간이 필요하며 홍반과 색소침착 때문에 사회생활에 불편을 줄 수 있다. 고출력으로 표피를 한 번에 효과적으로 제거하며 수축시키고 진피의 콜라겐 섬유를 재생시켜 탄력을 증가시킨다.

## (7) 광치료

### ① IPL Intense Pulsed Light

단일 파장이 아닌 500~1200nm의 넓은 파장을 가지고 있으며, 다양한 파장의 빛을 동시에 조사할 수 있기 때문에 여러 병변에 치료할 수 있다. 레이저처럼 매질이 아닌 크세논 섬광 램프에서 발생한 빛을 직접 이용하는 광치료이다.

기미, 주근깨, 잡티, 검버섯, 색소침착 개선과 혈관 확장, 안면홍조, 여드름 붉은 자국의 개선, 피부결, 잔주름과 탄력, 제모까지 다양한 치료에 효과가 있다. 다운타임이 없어 바로 일상 생활이 가능하며, 레이저와 병행 치료가 가능하고 시술을 병행하는 경우 효과가 극대화된다.

## 평 가

1. 이온토포레시스를 설명하시오.

2. 고주파 기기와 초음파 기기의 특징을 비교 설명하시오.

3. 어븀야그 레이저와 탄산가스 레이저 $CO_2$ Laser 를 비교 설명하시오.

## 해답 & Tip

**1** 전기의 같은 극끼리는 반발하고 다른 극끼리는 끌어당기는 전기적 성질을 이용하여 이온화된 물질을 피부 속으로 이동시키는 관리 방법이다. 피부흡수가 어려운 이온성 물질, 즉 겔, 앰플, 세럼, 비타민 C 등의 수용성 영양농축액의 유효성분의 피부 침투가 가능하다. 혈액순환과 세포의 신진대사 향상, 피부 속의 수분 흡수력을 증가시키며 피부재생능력이 향상되고, 피부 조직 내 보습력 증가, 림프순환 촉진, 색소침착 부위의 미백효과 등이 있다. 용액의 농도와 전류강도의 크기에 따라 침투에 영향을 미치므로, 필수적으로 제품의 기기 사용에 대한 설명서를 숙지한 후에 실시해야 한다.

**2** 고주파 기기는 주파수 100,000Hz 100Hz 이상의 교류전류를 고주파 전류 High-frequency current : HFC 라 하며, 진동폭이 매우 짧아 화학적 반응, 즉 이온운동이 전혀 없이 진동전류 에너지는 열에너지로 빨리 전환된다. 감각 신경이나 운동신경을 자극하지 않아 근수축이나 불편감을 느끼지 않고 특정부위만을 가열할 수 있는 심부열 효과를 나타내는 기기이다.

적용 방법에는 직접법과 간접법 두 가지가 있는데 안면과 전신 모두 사용이 가능하며 각각 서로 다른 효과를 발휘하므로 고객에게 적절한 방법을 선택하여 사용한다.

초음파 기기는 진동 주파수가 17,000~20,000Hz 이상으로 불가청 진동음파로서 인체 조직과 피부 세포 간에 아주 미세한 진동을 일으켜 열과 역학적 에너지를 생산해내는 음향에너지로서 인체 신진대사를 촉진하여 피부미용적 효과를 나타낸다. 인체 적용 시 열과 역학에너지를 발생하는 초음파의 전형적인 피부미용학적 효과는 온열효과와 물리적 및 화학적 효과로 나타나게 된다.

## 해답 & Tip

3 어븀야그 레이저는 2,940nm 파장으로 수분을 함유한 조직세포에 흡수되며, 박피 깊이는 $CO_2$ 레이저에 비해 깊지는 않지만 물에 대한 흡수도는 $CO_2$ 레이저보다 12~18배 뛰어나므로 시술부위를 정교하고 균일하게 깎아낼 수 있다. 야그에 어븀을 첨가한 매질을 사용한 고체 레이저로 열손상이 적어 레이저 박피술에 많이 이용되며, 피부재생을 활성화시켜 피부결을 개선해준다. 수두자국, 여드름 흉터, 주름살 제거, 사마귀나 검버섯 치료 등에 주로 쓰인다.

탄산가스 레이저는 피부조직을 기화하여 파괴하는 방법과 출혈 없이 절개하는 방법, 두 가지로 활용된다. 안전과 효율성이 높고 살균기능까지 있어 감염의 위험이 없으며, 의료용으로 가장 많이 보급된 레이저이다.

점, 마귀, 검버섯, 한관종, 비립종, 쥐젖, 티눈, 양성 종양 제거, 눈밑지방제거술 등 치료 영역이 넓게 쓰여 효율성이 높다.

CHAPTER

# 08 코스메슈티컬 화장품 및 약물

## 1. 코스메슈티컬 화장품의 개념

의학의 발전으로 피부 질환 치료법이 계속 등장하게 되고, 화장품 시장은 그에 발맞추어 과학을 접목한 뷰티 산업이 발전하고 있다.

도구, 성분, 제형 등 다양한 측면에서 뷰티에 과학을 더한 제품들이 업계를 주도하며 제약 성분이 담긴 화장품을 '코스메슈티컬 Cosmeceutical'이라 한다. 화장품 cosmetics 과 의약품 pharmaceutical 의 합성어로 피부 재생, 주름개선, 미백효과 등 의학적으로 검증된 기능성 성분을 포함한 효능이 강조되어 치료 목적으로 쓰이는 기능성 화장품을 일컫는 신조어이다. 일반 화장품 성분으로 성에 차지 않는 소비자들은 '약'에 버금가는 드라마틱한 효과를 기대하며 코스메슈티컬 화장품에 관심을 보이고 있다.

1960년대는 비타민, 호르몬류, 1970년대는 피부보습물질, 오일류 등이 선을 보였으며, 1980년대 들어서는 히알루론산과 추출이 쉽고 보습이 좋은 콜라겐을 이용한 원료가 등장하였다. 1990년대는 AHA, 세라마이드, 비타민 C, 코엔자임 Q10이 발견되었으며 레티놀의 안정화에 성공하였다. 2000년 이후로는 싸이토카인, DNA, 엔자임, 폴리페놀, 이소플라본 등의 성분들이 개발되기 시작하였으며, 최근에는 줄기세포와 성장인자 원료가 주목받고 있다.

## 2. 피부타입별 코스메슈티컬 화장품 제품과 성분

### 1) 여드름 관리제품

여드름 관리의 원칙은 피지분지를 억제하여 피지 제거 및 조절을 유도하고 비정상적인 과각화증을 억제한다. 또한 모낭 내 세균을 감소시켜 항염증 작용을 하며 살균작용을 통해 여드름의 진행을 차단한다. 또한 피부의 재생능력을 높여 여드름 흉터를 예방하고 미백작용까지 갖추어 여드름의 관리에 매우 중요한 부분을 차지한다.

#### (1) 티트리 오일

면역 체계를 활성화시켜 전염성 질병을 퇴치하는 데 효과적이며, 티트리 나무 잎에서 추출한 것이다. 항균, 항진균 효과가 있으며 살균과 소독작용이 강하며 민감성 피부는 주의해야 한다.

#### (2) 살리실산

BHA로 지용성 용매제로서 각질 분해기능과 모공 속의 피지를 용해하는 작용이 있어 여드름 관리 약물로 많이 사용된다. 각종 약물에 살리실산을 결합시켜 용해성 · 안정성 · 약리성 등을 개량하는 데 쓰이기도하며, 또 각질의 병적인 증식 사마귀 · 티눈 을 제거하기 위한 고약으로 사용되기도 한다.

#### (3) 알파히드록시산

AHA는 사탕수수, 포도, 사과 등의 과일에서 추출한 물질로서 각질 탈락을 촉진시키는 작용과 보습 등의 효과로 여드름 치료에 사용되고 있다.

#### (4) 비사보롤

카모마일 꽃에서 추출되며 묽은 플로랄 floral 향기를 가지고 있고, 여러 가지 방향 芳香 에 사용되기도 한다. 전통적으로 피부를 치유하는 성분과 항자극, 항염증 및 항균 작용으로 여드름 화장품의 원료로 사용되고 있다. 또한 피부 자극을 완화하여 피부를 보습, 진정시키며, 피부 속 멜라닌 생성을 억제하여 피부 톤을 개선시키는 화이트닝 화장품에도 사용된다.

### (5) 감초 추출물

5-알파환원 효소에 관하여 DHT의 활성을 감소시켜 진정 작용과 함께 피지분비를 억제하는 효과가 있어, 피부를 매끄럽게 해주며 항균작용을 한다. 피부에 대한 부작용이 적고 여드름, 미백 피부에 활용되는 성분이다.

### (6) 아줄렌

카모마일 꽃에서 추출한 방향성 오일로 염증완화 및 진정작용, 알러지, 염증, 상처 치유 등 여드름 피부에 많이 사용되고 있으며, 피부진정 및 홍반에도 효과가 있어 모세혈관 확장증에도 활용되고 있다.

### (7) 하마멜리스

수렴기능이 우수한 탄닌이 다량 함유된 하마멜리스 추출물은 항박테리아 효과가 있어 화장수의 성분으로 사용한다. 붉고 민감해진 부위의 수렴 및 예민 완화를 도와주며, 항염, 수렴 작용 등으로 여드름 압출 후 상처 완화 및 홍반 감소 작용을 한다.

### (8) 캄포

피지제거 및 방부 효과가 우수하여 클렌징, 화장수, 여드름 상처크림, 팩에 사용한다.

### (9) 알란토인

진정, 소염, 상처 치유 효과 약효를 목적으로 화장품으로 많은 용도가 있다. 대표적 예로서 크림류 알란토인 0.2%, 로션류 알란토인 0.2%, 샴푸류 알란토인 0.2%, 치약 등이 있으며, 알란토인 유도체 중 디하이드록시알루미늄아라토이네이트, 클로로하이드록실알루미늄아라토이네이트도 약리작용, 안전성이 충분하게 인정되어 현재 널리 이용되고 있다.

### (10) 황

항지루 효과

(11) 아연화

상처 치유 효과

(12) 규산

염증 완화 효과

(13) 세이지 추출물

수렴 및 여드름 상처 치유 효과 우수

### 2) 미백관리 제품

각질층의 각질 세포 제거를 촉진하고 활성산소를 제거하는 하는 작용을 해야하며, 자외선 차단, 티로시나아제 활성 등 미백관리에 있어 멜라닌 세포의 생성을 억제하는 것이 가장 중요한 점이라 할 수 있다.

(1) 자외선차단제

자외선 차단제의 성분은 크게 자외선 흡수제와 산란제로 나뉜다.
자외선 흡수제는 화학물질을 합성하여 자외선이 피부 속에 침투하기 전 자외선을 해가 없는 열에너지로 변화·소멸시켜 피부를 보호하며 미노안식향산 p–aminobenzoic acid : PABA 이 있다.
자외선 산란제는 피부 위의 자외선을 반사·산란시키는 광물성 물질로 이산화티탄과 산화아연이 대표적인 성분이다.

(2) 알부틴

블루베리, 크랜베리 등 많은 식물에서 발견되는 것으로 피부에 색소침착을 일으키는 멜라닌 세포의 활성화를 막아 피부미백에 도움을 주는 성분이다. 기미, 잡티, 여드름 자국, 햇빛에 탄 경우 상처 염증 등의 치료에 활용된다.

### (3) 비타민 C 유도체

타이로시나아제의 활성을 억제하며, 미백 효과가 있다. 콜라겐 합성을 자극하며, 피부 면역 체계를 강화, 몸속에 흡수되어 자유 산소 라디칼을 제거할 수 있으며, 주름 제거와 항노화 기능을 가지고 있다. 비타민 E와 서로 상승효과를 주며, 안정하고 무독성이며, 무자극으로 쉽게 변색되지 않는다.

### (4) 지용성 감초 추출물

감초 또는 기타 동속식물의 뿌리 및 근경에서 침출, 농축하여 얻은 것으로 산화방지제, 피부컨디셔닝제 등으로도 사용되고 있다.

### (5) 닥나무 추출물

코직산을 많이 함유하는 물질로 항염 효과와 예민한 피부의 진정 효과가 뛰어나다.
피부에 멜라닌 색소가 침착하는 것을 방지하여 기미, 주근깨 등의 생성을 억제하는 미백기능을 가진다.

### (6) 상백피 추출물

뽕나무의 뿌리껍질에서 추출하여 얻은 성분으로 상백피 추출물에는 아스코르빈산, 코직산, 알부틴, 히드로퀴논, 글루타치온 성분이 함유되어 있으며 티로시나아제의 활성을 억제하는데 도움을 준다. 기미, 주근깨 등의 색소 침착 관리에 관여한다.

### (7) 코직산

아스페르길루스 Aspergillus 와 푸른곰팡이 Penicillium 같은 여러 진균에서 추출하며 티로시나아제 반응 억제제 tyrosinase inhibitor 이다. 피부자극이 심해서 한때 사용이 금지 되었으나 다시 화장품 원료로 인정받은 미백 성분이다. 코직산은 1~4% 농도로 사용되며 종종 다른 성분과 결합할 때 더 효과적이다.

### 3) 노화관리제품

노화로 인한 주름은 광노화나 과도한 근육운동 등에 의해 세포재생 능력이 저하되어 탄력섬유 감소로 발생한다. 주름 개선에 대한 정확한 원리는 밝혀져 있지 않지만, 노화피부 관리제품은 콜라겐 합성 촉진, 항산화 작용, 각질세포 박리, 근육피로 방지 등의 기능이 요구된다.

#### (1) 레티놀 Retinol

비타민 A의 한 종류로, 순수비타민이라고도 한다. 피부의 표피세포가 원래의 기능을 유지하는데 중요한 역할을 한다. 각화과정의 주기를 단축시켜 각질세포 박리 및 기저층의 세포형성을 촉진하며 콜라겐과 엘라스틴 등의 생합성을 촉진해 주름을 감소시키고 탄력을 증대시키는 작용을 한다. 그러나 과도하게 사용하면 피부 방어막의 손실로 따끔거리거나 모세혈관 확장, 홍반 피부가 될 가능성이 있으므로 주의를 요한다.

#### (2) 아데노신 Adenosine

유전자인 DNA를 구성하는 요소 중 하나로 진피의 콜라겐 합성을 촉진시키는 작용을 한다. 진피층에서 DNA와 단백질 합성 촉진, 세포의 자생력으로 피부의 건강과 탄력 복원 효과로 주름을 완화시키고 세포의 항상성을 유지해준다.

#### (3) 아세틸헥사펩타이드 Acetyl Hexapeptide

아미노산 복합제로서 신경세포의 자극 전달부에서 근육으로의 신경 전달 과정을 차단하여 근육의 수축작용을 저지하는 역할을 하여 노화로 인한 피부 주름에 탄력을 부여한다. 자연 발생하는 비자극성 무독성 성분으로 보톡스 성분의 부작용에 대한 주름 완화 대체 물질로 효과적이다. 보툴리늄 톡신과 같은 독소가 아니면서도 유사한 작용을 나타내어 바르는 보톡스로 알려져 있다.

#### (4) 성장인자 Growth factor

세포 호르몬의 일종으로 성장인자는 세포분열 및 분화에 중요한 역할을 하는 단백질로, 세포에 영양을 공급하며, 건강한 피부를 만들어주는 물질이다. 성장인자를 피부에 적용 시 탄력성을 향상 시켜주고 피부 재생을 촉진시킨다.

4GF EGF, FGF, IGF, KGF 란 EGF를 비롯한 FGF, IGF, KGF의 대표적인 성장인자의 종류이며, 4GF 성분이 첨가된 화장품은 수분, 보습은 물론 탄력, 재생크림으로 사용된다. 세포에서 추출한 다양한 성장인자를 활용한 피부재생 솔루션을 사용하고 있으며, 각종 피부 치료 후에 피부에 직접 적용하여 펩타이드 등 유효성분의 침투로 인하여 미백, 색소침착, 항염, 항산화 작용을 나타내며 피부재생을 도와준다.

### 4) 아토피관리제품

#### (1) 세라마이드

세라마이드는 피부 건조를 막아주고 손상된 각질층을 정상화 시켜주는 기능성 화장품 성분이다. 피부 친화성이 우수한 피부 지질막의 구성성분으로 손상된 아토피 피부장벽에 뛰어난 보습작용을 한다.

#### (2) 피토스핑고신

피부의 각질세포에서 추출한 천연성분으로 항염증, 항균 효과로 문제성 피부의 원인이 되는 세균의 활동을 저해시켜 손상된 피부를 건강한 상태로 복원시켜주는 기능을 가진다. 안전한 염증 치료제로 인정받아 여드름 치료 및 피부병 예방에도 널리 사용되고 있으며, 피부 지질막의 기능을 보강하여 피부탄력 개선에 도움을 준다.

피부보습효과 피토스핑고신은 체내에 흡수되면 피부 지질막의 기능을 보강하고 세라마이드의 합성을 촉진하여 보습력을 유지하는 기능이 뛰어나다.

#### (3) 상황버섯 추출물

상황버섯에서 추출하여 얻은 성분으로 피부에 해로운 외부 물질의 성장을 억제하여 피부 과민 반응을 차단하거나 축소시키는데 도움을 준다. 피부에 수렴작용을 하여 긴장감을 부여하고, 피부 노화의 원인이 되는 활성산소 자유라디칼에 대해 보호 능력을 가져 피부의 산화적 손상을 예방한다. 피부 면역 강화와 민감성 피부를 개선시키는 작용을 하며, 보습 관리에 도움을 준다.

### 5) 비타민 K

혈액응고에 필수 요소인 지용성으로써 비타민 K를 이용하여 만든 제품으로 안면홍조, 주사, 민감성 피부 및 모세혈관 확장증, 혈관성 다크써클 등에 사용되고 있다.

# 3. 메디컬 약물의 특성과 작용

## 1) 약물의 종류와 특성

### (1) 약물의 조제 형태

#### ① 액체

㉠ 물약 solution : 약을 물에 녹인 것을 말한다.

㉡ 시럽 syrup : 약물을 설탕에 녹이거나, 당류를 함유하는 의약품의 용액 또는 현탁액 등으로 만든 내복액체

㉢ 로션 lotion : 수성액을 미세하게 분산시켜 피부에 바르는 것

㉣ 유제 emulsion : 불용성인 약품을 미세 균등하게 분산시켜 유상으로 만든 것

㉤ 현탁제 · 부유제 : 불용성인 약품을 수중에 미세분말로 균등히 분산시킨 것

㉥ 팅크제 tincture : 생약을 에탄올 · 물의 혼액으로 침출

㉦ 주사제 injection : 사용할 때 녹이거나 현탁으로 쓰는 의약품

#### ② 고체 또는 반고체

㉠ 가루약 powder : 1 · 2종 이상 의약품 가루를 균등히 혼합한 것

㉡ 캡슐 capsule : 분말, 과립, 액체 상태의 의약품을 캡슐에 충전하거나 캡슐제로 싼 것

㉢ 정제 tablet : 일정 용량의 분말 약제 의약품 또는 혼합물 를 일정 모양으로 압축하여 단단하게 만든 것

㉣ 연고 ointment : 쉽게 피부에 도포할 수 있는 적당한 조도의 균등한 반고형 외용제

㉤ 좌약 suppository : 의약품을 균등하게 혼합 · 성형하여 국소적 혹은 전신적 효과를 위해 항문, 질에 적용하는 외용제

### (2) 약물 투여의 목적

질병 치료와 질병 예방, 질병 진단, 동통 및 불편감을 제거하기 위하여 투여된다.

### (3) 약물의 구비조건

① 인체에 해가 없으며 안정성 · 강도 · 효과가 있어야 한다.

② 발암현상이 없어야 하며, 치료효과가 있어야 한다.

③ 선택성이 있어야 하며 값이 싸야한다.

### (4) 약물의 관리

① 약물은 30℃ 이하의 서늘하고 통풍이 잘 되며 직사광선을 피해 어두운 곳에 보관한다.

② 액체로 된 약물이나 약상자, 기타 약을 담는 그릇은 언제나 뚜껑을 덮어둔다.

③ 연고, 마사지용 알코올, 소독약 등은 내복약과 다른 칸막이에 따로 보관한다.

④ 혈청, 예방백신, 인슐린, 간장 추출물 등은 2~5℃의 냉암소에 보관하고 좌약은 실온에 보관한다.

⑤ 기름 종류의 약품은 10℃ 전후로 보관한다.

⑥ 유효날짜가 지난 것은 간호사 의료진 에게 보고하여 바로 버린다.

⑦ 라벨이 손상된 약물은 투여하지 않는다.

⑧ 침전물이 있거나 변색된 약은 사용하지 않는다.

### (5) 용기의 종류

**① 밀봉 용기**

가장 효과적으로 미생물의 침입을 방지한다.

**② 기밀 용기**

수분 침입, 손실, 오염 등의 방지를 위함

**③ 밀폐 용기**

약품의 손실, 파손, 이물질의 혼합을 막기 위한 용기

**④ 차광 용기**

약물을 햇빛으로부터 차단하기 위한 갈색이나 청색용기

### (6) 약어의 종류

| 약어 | 뜻 | 약어 | 뜻 | 약어 | 뜻 |
|---|---|---|---|---|---|
| ac | 식전 | IM | 근육 내 | $\bar{q}$ | 매(每), 마다 |
| ad lib | 자유로 | IV | 정맥 내 | $\bar{q}$ ( ) hr | 매 ( )시간마다 |
| agit | 흔들어서, 저어서 | npo | 금식 | qid | 하루에 네 번 |
| bid | 하루에 두 번 | OD | 우측 눈 | qod | 격일로 |
| $\bar{c}$ | 같이, 함께 | OS | 좌측 눈 | Rx | 처방 |
| cap | 교갑(캡슐) | OU | 양쪽 눈 | $\bar{s}$ | ~없이 |
| gtt | 방울 | pc | 식후 | sc | 피하 |
| h | 시간 | po | 경구로 | stat | 즉시 |
| hs | 취침 시간, 취침 시 | prn | 필요시마다 | tid | 하루에 세 번 |

## 2) 약물의 작용

### (1) 용어의 정의

#### ① 치료작용, 부작용 및 독작용

㉠ 치료작용 : 약물이 가지고 있는 여러 작용 중 질병 치료에 필요로 하는 작용

㉡ 부작용 : 원하지 않는 작용, 치료에 필요하지 않은 작용

㉢ 독작용 : 부작용 중 건강을 해치거나 생명에 위험을 주는 작용

#### ② 약물 알러지

개인의 민감성에 따라 나타나며 투여한 약물의 작용과 전혀 다른 성질의 다른 증상이 나타남을 말한다.

[예] 발진, 발열, 천식 등

#### ③ 내성

약물을 계속 연용할 경우 같은 치료 효과를 얻기 위해 사용량을 증가해야 하는 현상

#### ④ 상가작용, 상승작용 및 길항작용

㉠ 상가작용 : 두 가지 이상의 약물을 병용하여 얻은 효과가 개개의 약물이나 나타내는 작용의 합에 해당하는 경우

㉡ 상승작용 : 두 가지 이상의 약물을 병용하여 얻은 효과가 개개의 약물이나 나타내는 작용의 합보다 큰 경우

㉢ 길항작용 : 두 가지 이상의 약물을 병용할 때 각 약물의 작용이 감약 또는 상쇄되는 것

#### ⑤ 약물의존성

약물을 오랫동안 사용하다가 투여를 중지할 때 정신적 、육체적으로 그 약을 갈망하는 현상

#### ⑥ 금단 현상

의존성이 약물을 갑자기 중단했을 때 나타나는 극도의 신체적 증상

### (2) 약물작용에 영향을 주는 요소

체중 및 연령, 성 性, 약물의 투여 시기와 투여 경로, 특이체질, 심리적 용인, 환경적 요인

## 3) 약물의 투약

### (1) 약의 특성과 복용시간

| 복용시간 | 약의 특성 |
|---|---|
| 식전 | • 신속한 전체작용을 기대할 때<br>• 불쾌한 맛을 가지는 약일 때<br>• 강장제, 건위제, 식욕증진제, 고미제, 진통제, 진해제, 구충체 |
| 식간 | • 이뇨제, 강심제 |
| 식후 | • 서서히 흡수되는 것을 목적으로 할 때<br>• 자극성으로 위장을 해칠 우려가 있을 때<br>• 소화제, 지사제 |
| 기타 | • 하제는 식전, 식간 또는 취침 전<br>• 해열제는 식후, 취침 전<br>• 항생제는 일정시간 간격에 맞게 복용 |

### (2) 투약 시 일반적인 주의사항

① 5R, 즉, 정확한 약 Right drug, 환자 Right client, 용량 Right dose, 시간 Right time, 방법 Right route을 확인하며 약의 작용, 효과, 금기사항, 최대 용량, 허용 용량, 부작용에 대해 인지하여야 하고, 특별한 약은 투여 전에 활력 증후를 체크한다.

② 약은 반드시 의사의 처방에 의해 사용하며, 약의 효력과 중독 증상을 알아야 한다.

③ 약품명과 1회 분량이 정확히 기입된 것만 사용하며 다른 병으로 약을 옮기지 않는다.

④ 약을 너무 많이 따랐을 때에는 약병에 다시 붓지 말고 버린다.

### (3) 약물의 종류와 효능

#### ① 응급약

| 구분 | 효능 | 부작용 |
|---|---|---|
| 에피네프린 | 교감신경 흥분제, 강심제,<br>국소출혈방지, 기관지 천식,<br>혈관수축제, 기관지확장증의 경련 완화 | 중추신경자극, 심전도 변화, 빈맥,<br>고혈압, 대사성 산증<br>※ 금지: 당뇨병, 동맥경화,<br>기질성 심장질환, 부정맥 |
| 아트로핀 | 부교감 신경차단제<br>(※수술 전 처치 시 사용) | 구갈, 오심, 구토, 배뇨장애, 두통,<br>호흡장애, 부정맥 |
| 리도카인 | 국소마취제, 부정맥 치료제 | 졸음, 오심, 구토, 서맥, 호흡곤란 |

#### ② 해열제

| 구분 | 적응증 | 부작용 |
|---|---|---|
| 아스피린<br>(Aspirin) | 두통, 신경통, 류마티스열, 발열상태 | 위장장애, 발진, 두드러기등<br>※위궤양 환자에게는 금기 |
| 아세트아미노펜<br>(Aceteminophen) | 두통, 치통 등 발열과 통증,<br>아스피린 작용과 유사 | 상용량 범위 내에서는 비교적 경미 |
| 설피린<br>(Sulpyrin) | 신경통, 요통, 두통 | 무과립성 혈구증 |

### ③ 마취제

㉠ 전신 마취제 : 치오펜탈 소듐, 케타민, 드러페리돌, 아산화질소, 이소플루란, 할로탄, 사이클로프로판

㉡ 국소 마취제 : 리도카인, 벤조카인, 코카인, 프로카인

### ④ 소독약품

취급이 간편하고 값이 저렴하며 재료가 풍부하고, 소독물품이 상하지 않은 것

[예] 크레졸 비누액, 알코올, 표백분, 과산화수소수 3%, 석탄산, 포비돈 아이오다인 베타딘, 아이오다인 팅처

### ⑤ 항히스타민제 Anti histamines

| 특성 | 항알러지라고도 하며, 항히스타민제를 투여해 알러지의 증상을 제거 | |
|---|---|---|
| 부작용 | 졸음, 현기증, 두통, 정신집중 요하는 사람에게 주의 | |
| 제제 | 클로로페닐아민밀레이트 | 부작용이 적은 항히스타민제로서 상용량은 1회 2~8mg |
| | 드라마민 | 배멀미, 차멀미 등에 사용하며 임신 초기에 구토증에도 사용하며 상용량은 1회 50mg |
| | 피리벤자민 | 진정작용도 있으며 상용량은 1회 50mg |
| | 염산디펜히드라민 | 진정작용, 혈관수축작용, 상용량은 1회 4~5mg |
| | 베나드릴 | 항경련, 진정작용, 상용량은 1회 50mg |

### ⑥ 항생물질 Anti biotics

박테리아 세균 의 성장과 발육을 저지할 목적으로 사용한다. 항생제는 치료효과를 높이려면 혈중 약물 농도를 일정하게 유지하여 일정한 간격으로 투여해야 한다.

[예] 페니실린 Penicillin, 세팔로스포린계 Cephalosporins, 에리스로마이신 Erythromycin, 클로람페니콜, 테트라사이클린계 Teracyclines, 스트렙토토마이신 S.M, 에리스로마이신 Erythromycine, 설파제 Sulfa drugs

## 평 가

1. 코스메슈티컬 화장품을 설명하시오.

2. 여드름 관리 제품의 성분을 설명하시오.

3. 메디컬 약어의 종류를 설명하시오.

| 약어 | 뜻 | 약어 | 뜻 | 약어 | 뜻 |
|---|---|---|---|---|---|
| ac | | IM | | $\bar{q}$ | |
| ad lib | | IV | | $\bar{q}$ ( ) hr | |
| agit | | npo | | qid | |
| bid | | OD | | qod | |
| $\bar{c}$ | | OS | | Rx | |
| cap | | OU | | $\bar{s}$ | |
| gtt | | pc | | sc | |
| h | | po | | stat | |
| hs | | prn | | tid | |

4. 약물의 종류와 특성 중 응급약 3가지를 설명하시오.

## 해답 & Tip

**1** 코스메슈티컬 화장품이란 다양한 측면에서 뷰티에 과학을 더한 제약 성분이 담긴 화장품을 일컫는다. 화장품 cosmetics 과 의약품 pharmaceutical 의 합성어로 피부 재생, 주름개선, 미백효과 등 의학적으로 검증된 기능성 성분을 포함한 효능이 강조되어 치료 목적으로 쓰이는 기능성 화장품을 일컫는 신조어이다.

**2** 여드름 관리 제품의 성분은 피지분지를 억제하여 피지 제거 및 조절을 유도하고 비정상적인 과각화증을 억제하며, 항염증 작용을 하며 살균작용을 통해 여드름의 진행을 차단하는 작용을 한다.
티트리 오일, 살리실산, 알파히드록시산, 비사보롤, 감초 추출물, 아줄렌, 하마멜리스, 캄포, 알란토인, 황, 아연화, 규산, 세이지 추출물 등이 있다.

**3**

| 약어 | 뜻 | 약어 | 뜻 | 약어 | 뜻 |
|---|---|---|---|---|---|
| ac | 식전 | IM | 근육 내 | $\bar{q}$ | 매(每), 마다 |
| ad lib | 자유로 | IV | 정맥 내 | $\bar{q}$ ( ) hr | 매 ( )시간마다 |
| agit | 흔들어서, 저어서 | npo | 금식 | qid | 하루에 네 번 |
| bid | 하루에 두 번 | OD | 우측 눈 | qod | 격일로 |
| $\bar{c}$ | 같이, 함께 | OS | 좌측 눈 | Rx | 처방 |
| cap | 교갑(캡슐) | OU | 양쪽 눈 | $\bar{s}$ | ~없이 |
| gtt | 방울 | pc | 식후 | sc | 피하 |
| h | 시간 | po | 경구로 | stat | 즉시 |
| hs | 취침 시간, 취침 시 | prn | 필요시마다 | tid | 하루에 세 번 |

**4**

| 구분 | 효능 | 부작용 |
|---|---|---|
| 에피네프린<br>※ 아나필락시시스시 사용 | 교감신경 흥분제, 강심제, 혈관수축제, 국소출혈방지, 기관지 천식, 기관지확장증의 경련 완화 | 중추신경자극, 심전도 변화, 빈맥, 고혈압, 대사성 산증<br>※ 금지: 당뇨병, 동맥경화, 기질성 심장질환, 부정맥 |
| 아트로핀 | 부교감 신경차단제<br>(※수술 전 처치 시 사용) | 구갈, 오심, 구토, 배뇨장애, 두통, 호흡장애, 부정맥 |
| 리도카인 | 국소마취제, 부정맥 치료제 | 졸음, 오심, 구토, 서맥, 호흡곤란 |

CHAPTER 09

# 메디컬 스킨케어 상담실무

## 1. 메디컬 스킨케어 고객 상담 실무

### 1) 메디컬 스킨케어 상담의 상담자의 자질

상담자는 정직하며 편견이 없는 객관성을 유지해야 한다. 내담자를 위해 다른 전문가에게 기꺼이 의뢰할 수 있어야 하며 내담자를 도우려는 윤리적 책임감에 대한 의지가 있어야 한다. 성격은 내담자에게 편안한 분위기의 상담을 이끌어나가기 위해 경직되지 않는 유연성과 안정성, 호감을 주는 성격이어야 하며, 호기심과 창의성, 유머감각이 있어야 한다. 상황 파악을 잘 할 수 있는 민첩성이 있어야 하며, 자발성과 인내성이 중요하다.

상담자는 매사에 진지한 태도를 보이고 내담자에게 신뢰감을 심어줄 수 있어야 한다. 삶에 대한 긍정적 태도와 폭넓은 견해를 갖는 것이 중요하다. 겸손하고 훌륭한 관찰자의 태도를 가져야 하며, 자신을 긍정적으로 평가하는 태도를 보여야 한다. 경험을 통해 얻은 보편적 지식을 가지고 지식과 경험을 통합할 능력을 가지며, 직관과 통찰력도 중요하다. 또한 지적 능력과 기술을 갖고 논리적 사고를 할 수 있어야 한다. 전문적 지식을 갖고 적절한 질문을 할 줄 알아야 하며 평가와 진단을 위한 훌륭한 판단력을 갖는 것이 필요하다.

상담자의 인간관계는 신뢰가 있어야 한다. 상담자는 훌륭한 경청자이며 의사소통 기술이 좋아야 한다. 특히 내담자를 공감해 주는 것이 중요하다. 상담자는 다양한 사람들과 원만한 인간관계를 유지하는 것이 중요하다.

윤리적 책임감 | 객관적 경험에 근거한 지식 | 인지적 지식과 지적 기술

### 2) 메디컬 스킨케어 상담의 목표

#### (1) 행동변화의 촉진

상담은 행동의 변화를 촉진하고 좀 더 생산적이고 행복한 생활을 하는데 방해가 되는 행동을 감소 또는 제거시키고, 만족스럽고 합리적인 선택을 하는데 필요한 행동을 증가시킨다.

#### (2) 의사결정능력의 함양

개인이 자신의 문제를 해결하는데 필요한 의사결정을 현명하게 내릴 수 있도록 한다. 내담자의 방문 경로와 동기를 파악하는 것부터 상담은 시작이며 상담을 통해 고객의 정보와 특징 등을 파악하고 고객의 의사결정에 큰 역할을 할 수 있는 정보를 제공하며, 긍정적인 태도와 신념을 갖추도록 조력한다.
프로그램에 대한 진행 사항, 진행에 따른 비용, 소요시간 등 세세한 부분에 대한 상담으로 신뢰감을 주어 프로그램 진행을 관리사에게 편안하게 맡길 수 있도록 한다. 내담자 본인 스스로 자기 점검을 통해 자기관리를 할 수 있도록 도우며, 지속적인 관리의 중요성을 인지시킨다.

### 3) 메디컬 스킨케어 상담의 기술

#### (1) 듣기 경청

롱 Long, 1996 은 '경청'을 상대방이 언어적 또는 비언어적 그리고 직·간접적으로 전달하는 메시지를 포착하기 위해 상대방이 말할 때 우선 주의집중 하면서 듣는 것이라고 정의하였다.
의사소통의 첫 단계는 경청하는 것인데, 경청하기 listening 이란 성급한 판단이나 평가를 유보하고 먼저 상대에 대해 충분히 이해할 때까지 그의 말에 귀를 기울이는 것을 의미한다. 경청은 상대방이 직접 말로 표현한 것뿐만 아니라 직접 표현하지 않았지만 말에 포함되어 있는 여러 가지 심리적 요소를 포착하는 것을 의미하며, 언어는 물론 비언어적인 표현에도 주의를 기울이는 것을 말한다. 즉, 미소, 얼굴 찡그림, 입술 삐죽거림 등 얼굴 표정 그리고 목소리의 높낮이, 속도, 긴장 정도, 말의 간격, 강조, 멈춤, 침묵, 유창함 등 목소리, 신체행동 자세, 몸 움직임, 제스처 등, 신체 반응 호흡속도, 얼굴 및 목의 색, 눈동자 움직임, 입술 떨림, 눈물 등, 신체 특징 체격, 키, 몸무게 등 과 옷 입는 스타일, 화장 등 일반적인 외모를 모두 포함 한다.

경청은 상대에 대한 관심을 표현하는 것으로 상대방을 존중하고 있다는 메시지를 전달하고자 하는 목적뿐만 아니라 상대방의 호소를 명확하게 하기 위한 자료수집을 위해서도 매우 중요하다. 상대방의 언어적 메시지를 잘 들음으로써 경험, 행동, 정서를 파악하며, 비언어적인 행동을 관찰함으로써 상대가 말하고 있는 내용과의 일치성과 강도를 파악할 수 있다.

심리학자인 Egan 1994 은 상대방에게 주의집중 하는 기술을 다음과 같이 ENCOURAGES로 정리하였다.

E : 눈 eye 맞춤을 적당하게 유지한다.
N : 고개 끄덕임 nods 을 적당한 수준으로 사용한다.
C : 문화적 차이 culture differences 를 인식하고 존중을 유지한다.
O : 내담자 쪽으로 열린 자세 open stance 를 유지한다.
U : '음 Uhmm'등의 인정하는 언어를 사용한다.
R : 편안하고 relaxed 자연스럽게 대한다.
A : 주의를 분산하게 만드는 행동은 피한다. avoid
G : 내담자의 문법양식 grammatical style 에 맞춘다.
E : 제 3의 귀 third ear 로 듣는다.
S : 적절한 공간 space 을 사용한다.

듣기 경청 과정에서 우선하여 유의할 점은 상대방이 이야기하는 내용과 태도에 대해서 편견을 갖지 않는 것이며, 사회적 편견이나 선입견에 대해 주의 깊게 관찰하고 상대방에 대한 시각이 왜곡되어 있는지를 잘 점검하여야 한다. 또한 상대방이 아직 표현하지 않은 감정이나 동기 등도 파악하려는 노력이 요구된다.

### 실습

1. 자신의 상대와 5분 동안 번갈아 가면서 최근에 있었던 경험을 나눈다.
2. 상대방의 이야기를 듣는 동안 언어적인 내용뿐만 아니라 말의 억양, 표정 등 비언어적인 내용도 잘 경청한다.
3. 서로 이야기가 모두 끝나면 경청한 이야기를 상대에게 전달한다. 이때 상대방의 얼굴 표정과 말의 높낮이 등 비언어적인 내용도 전달한다.
4. 상대방이 전달하는 이야기를 들은 후 본인의 한 말과 행동이 일치하는 지에 대해 논의한다. 그리고 상대방이 자신의 이야기를 전달할 때 경험에 대해서도 자유롭게 이야기해 본다.

### (2) 반영하기

반영하기 reflection 는 경청하기와 매우 밀접한 관계가 있다. 듣는 사람이 말한 사람의 말을 참신한 말로 다시 표현해서 돌려주는 것으로 듣는 사람은 자신의 방어적, 판단적인 반응을 금지하고 의도적으로 상대방에게 집중하여 경청해야 한다. 정확하고 민감한 반영하기는 상대방으로 하여금 자신이 잘 이해받고 있음을 알게 해 주는 것이다. 반영하기의 역할은 말하는 사람의 언어나 행동 이면에 내재하고 있는 느낌과 감정이 무엇인지 자신이 분명히 깨달을 수 있도록 해 주는 효과가 있다. 반영기술에는 다음과 같은 것이 있다.

① 상대방의 정서 상태에 대해 민감해야 한다.
② 상대방이 느끼는 감정을 나타내는 가장 적절한 단어를 찾는다.
③ 상대방의 표면적인 감정을 우선 반영하고 점차 심층적인 감정을 반영한다.
④ 상대방이 느끼는 감정이 어디에서 유발되는 것인지에 대해 연관 짓는다.
⑤ 무미건조한 말투로 덤덤하게 반영하기보다는 얼굴 표정, 말의 억양 등을 적절히 활용하여 상대방이 자신의 감정을 충분히 알아차릴 수 있도록 반영한다.
⑥ 이와 같은 감정 반영이 상대방에게 일치하는지 파악한다.

### (3) 명료화

명료화는 내담자가 말한 애매모호한 자료나 의미를 상담자가 이해하기 쉽게 다시 말해 준다는 점에서 상대방의 이해를 촉진해주는 기법으로 볼 수 있으며, 상대방의 말 속에 포함되어 있는 불분명한 측면을 분명하게 밝히는 반응이다.

**명료화의 일반적 지침**

1. 내담자의 말이 모호하거나 잘 이해되지 않았음을 밝힌다.
2. 내담자 스스로 자기의 말을 재음미하거나, 구체적인 예를 들어 명확히 해줄 것을 요청한다.
3. 내담자 진술에 대한 상담자의 반응을 나타냄으로써 내담자의 반응을 분명하게 한다.
4. 직면 반응과 같이 직접적이고 강렬하지 않도록 한다.

### (4) 공감하기

공감하기 empathy 는 상대방이 경험하고 있는 주관적인 체계 속으로 들어가서, 상대방의 감정을 같이 느끼고 그의 세계를 바라보며, 상대방의 감정과 연결된 경험과 행동을 충분히 이해하고 전달하는 것이다. 공감은 기본 공감과 발전 공감의 두 가지 수준이 있다. 우선 기본 공감은 상대방이 현재의 순간에 느끼는 감정을 정확하게 이해하고 그 감정과 관련 없는 경험과 행동을 인식하여 그것을 상대방에게 전달하는 것이다.

공감은 상담이 잘 이루어질 것인가의 여부를 결정짓는 중요한 요소이며 이후에 이어지는 상담 또한 원활하게 진행될 수 있도록 하는 큰 역할을 하는 단계이다.

#### ① 자기개방하기

자기개방 self-disclosure 은 자신에 관한 정보를 상대방과 나누는 것이다. 즉, 자신에 관한 개인적 정보나 경험을 상대방에게 말해주는 것이다.

㉠ 자신의 경험을 개방함으로써 상대방에게 모델링을 제공할 수 있다. 자신이 무엇을 해야 할지 몰라 결정을 못하고 있는 상황 혹은 자기 자신에 대해 말하기를 주저하는 상대방에게 부드럽게 접근할 수 있는 방법이어서 초기의 관계 형성에 유용하게 사용할 수 있다.

㉡ 목표 설정과 행동실천에 필요한 새로운 시각을 개발하는데 도움을 준다.

㉢ 말하는 이에 대해서 좀 더 인간적인 호감을 느끼게 하며 친밀감을 제공할 수 있다.

㉣ 상대방의 문제가 혼자만의 경험이 아니라는 것을 알게 하여 안정감을 갖도록 도와줄 수 있다.

#### ② 개방형 대화

고객을 심문하는 것처럼 들리지 않도록 "예"나 "아니오"로 대답할 수 없는 개방적 질문 open-ended questions 을 해야 한다. 상담자는 지시하거나 비 판적이지 않으며 고객이 무엇을 이야기하든 격려해야 한다. 탐색하는 데에는 옳거나 틀린 주제가 없으며 질문에 대한 옳거나 틀린 답도 없다. 가능한 개방형 질문을 공식화하기 위하여 상담자는 목적, 초점, 정도, 질문의 객관성에 대하여 생각할 수 있다.

'어떻게 How', 혹은 '무엇 What'이란 말로 시작하는 질문들은 긴 설명을 동반하는 반응들을 끌어낸다. 개방형 질문의 예를 들어 보면, "당신의 동료들과 잘 지내고 있습니까?"가 아니라 "당신의 동료들과 당신의 관계에 관해서 좀 더 설명해 주실까요?"라고 말하는 것이다.

㉠ 개방형 질문의 특징

ⓐ 짧고 간단해야 한다.

ⓑ 여러 개의 질문이 한꺼번에 제시되어서는 안 된다.

"당신은 다음에 무엇을 했으며, 어떻게 느꼈고 그 사람이 느꼈던 것을 무엇이라 생각하나요?" 이것은 내담자의 혼란을 야기 시킬 수 있고, 상호 작용에 제동을 걸 수 있다. 내담자는 우선 반응할 질문이 어떤 것인지 잘 모르고 코너에 몰린 듯한 느낌을 가질 수 있기 때문이다. 또 내담자는 모든 질문에 반응할 수 없기 때문에 중요한 질문을 무시할 수 있다.

ⓒ 다른 사람에게 진행되고 있는지 내담자가 탐색할 수 있도록 돕기 위해 내담자에게 초점이 유지되어야 하는 것이다. 예를 들어 내담자가 종종 동료와 다툰다면 동료의 감정과 사고인 "당신의 동료가 당신에게 그토록 화가 난 이유가 무엇이라 생각하나요?"에 대하여 묻기보다는 내담자의 감정과 사고인 "무엇이 당신을 화나게 만드나요?"에 대하여 물어야 한다. 동료에 대한 더 많은 이해가 도움이 된다 하더라도 동료는 코칭 장면에 있지도 않고 코치는 동료의 일방적인 관점을 얻게 될 경향이 있기 때문이다.

ⓓ 내담자가 현재, 과거의 경험이나 사건에 강한 감정과 반응을 가진다 하더라도 초점은 과거 대신 현재에 있어야 한다. "당신의 동료는 당신을 어떻게 대했나요?"보다는 "지금 당신의 동료가 당신을 어떻게 대한다고 느끼나요?" 와 같이 현재에 초점을 맞춰 좀 더 구체적인 답변을 이끌어내도록 질문한다.

㉡ 개방형 질문의 주의사항

ⓐ 두 가지 중 한 가지를 선택하게 하는 질문으로서 내담자에게 선택의 부담을 안겨주고 자기 탐색의 폭을 제한하는 이중질문을 하지 않으며, 같은 유형의 질문을 반복적으로 사용하지 않는다.

ⓑ '왜'로 시작하는 질문은 내담자에게 추궁 당하는 느낌을 주고 잘못을 지적하거나 비난하는 시도로 받아들여지기 쉽다. 또한 상담자의 호기심을 만족시키기 위한 질문을 부적절하게 사용하지 않는다.

ⓒ 대상이나 내용이 생략된 채 표현된 진술은 고객의 이해나 문제 해결에 중요한 단서가 될 수 있으므로, 그 생략된 대상이나 내용에 대하여 질문을 한다. 내담자가 "나는 두려워요"라고 말했다면 누가 두려운지, 얼마나 두려운지, 왜 두려운지, 언제 두려운지, 어디에서 두려웠는지 등 생략된 부분에 대하여 차근차근 질문을 할 수 있어야 한다.

ⓓ 이미 질문을 한 상황에서 그 질문에 대한 대답을 끝마치기도 전에 다른 질문을 연속적으로 질문 공세를 던지는 것은 피해야 한다.

## 2. 메디컬 스킨케어 고객의 의사결정

### 1) 문제 인식 단계

#### ① 고객 의사 결정 과정

문제 인식 → 정보 탐색 → 대안의 평가 → 구매 → 구매 후 행동

### 2) 문제 인식의 과정

내 · 외적인 자극을 통해 욕구 충족에 따른 동기가 발생하며, 문제해결에 따른 행동으로 나타나게 된다. 문제인식이 구매의사 결정과정을 거쳐 구매로 이어지게 도와주는 동기부여 요인과 방해 요인인 제약요인으로 나뉜다.

① 문제의 인식이란 욕구가 일어난 것을 인지한 것이다.
② 문제가 클수록 동기부여 요인도 커진다.
③ 문제의 중요성이 제약요인보다 클 경우 구매의사 결정과정이 시작되고, 제약요인이 더 크면 구매의사결정 과정이 시작되지 않는다.

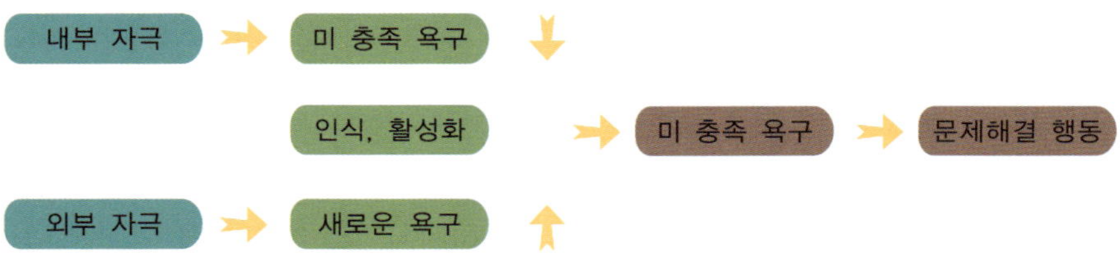

### 3) 매슬로우의 욕구 5단계

매슬로우의 욕구 5단계는 생리적 욕구, 안전의 욕구, 애정과 공감의 욕구, 존경의 욕구, 자아실현의 욕구로 나뉜다.

첫 번째 생리적 단계에서는 개인적/재정적 안정, 건강과 안녕의 의미이고, 서비스 욕구의 관점은 가격과 양의 타당성 여부에 있다. 두 번째 안전의 단계에서는 위험, 고통, 불확실한 상태에서의 회피를 의미하고, 서비스 욕구의 관점은 사려는 물건 프로그램 의 질적 재료와 교환 및 환불이 가능한가에 대한 것에 있다. 세 번째 사회의 욕구는 인정받고 공감할 수 있는가에 따른 애정과 친화력에 대해 중점을 두며, 친절도, 요구사항에 대한 실현 가능성 정도에 관점을 둔다. 네 번째 존경의 욕구에서는 존경, 지위, 성공, 명예 등 상담가가 나를 존중하는가, 나에게 관심을 가져주는가에 관점을 두고 있다. 마지막 다섯 번째 자아실현 단계는 능력 발휘, 자아 성취, 자기 완성, 삶의 보람 등에 의미를 부여하고, 상담가가 나를 알아봐주고 차별화된 서비스가 제공되는지의 여부에 욕구 관점을 둔다.

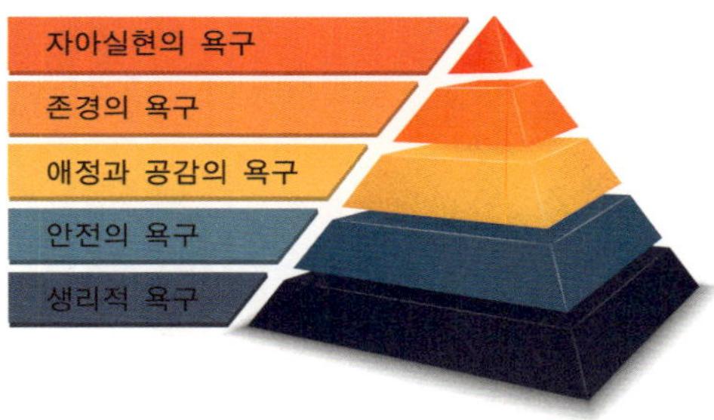


매슬로우의 욕구 5단계

## 4) 정보 탐색의 유형

### (1) 우연적 학습과 계획된 정보 탐색

#### ① 우연적 학습

우연히 정보를 얻음, 우연한 노출, 광고를 보거나 할 경우 기억속에 저장된다.

#### ② 계획된 정보 탐색

특정 제품을 구매하기 위해 의도적으로 정보를 탐색한다.

### (2) 내적탐색과 외적 탐색

#### ① 가내적탐색

과거의 소비경험, 다른 사람들의 의견, 광고 등을 기억해내려는 것이다.

#### ② 외적탐색

새로 제품을 구매하려 하거나 특정 제품에 관심이 많을 때, 내적탐색으로 충분하지 못해 추가적인 정보 탐색을 위해 다양한 정보를 기억 이외의 여러 가지 정보를 원천으로 이용한다.

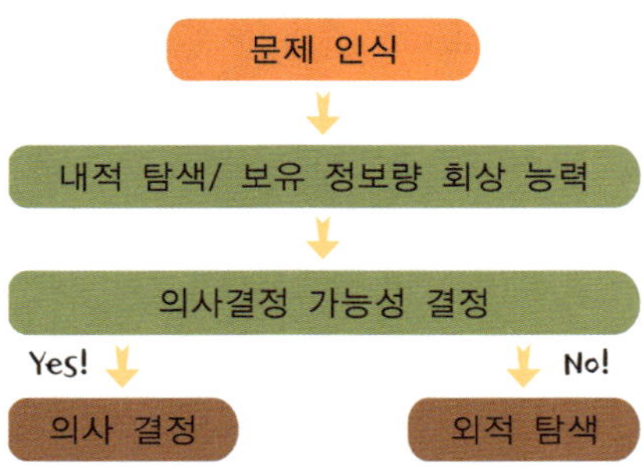

### 5) 대안 평가 단계

#### (1) 대안 평가 과정

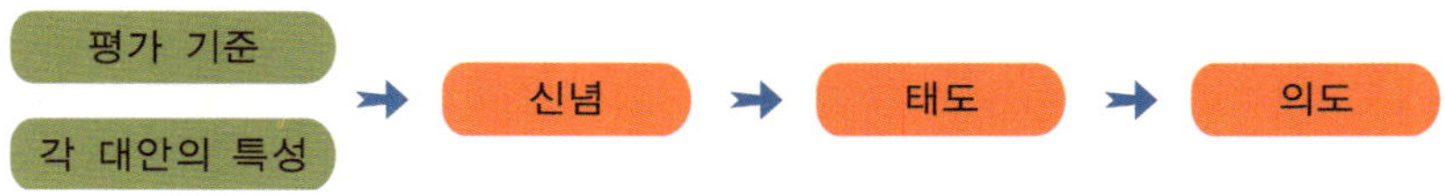


#### (2) 대안 평가 방법

**① 평가 기준**

소비자가 생각하는 상품의 속성과 각 속성이 얼마나 중요한가로 구성된다. 예를 들면 피부과 병원에서 미용 목적의 레이저 치료를 받으려고 할 때 내가 중요하게 생각하는 속성이 가격과 접근성이라면 가까운 거리와 타 병원보다 저렴한 가격이라고 할 때 그것은 내가 중요하게 의사결정하는 속성이 되고 기준이 된다.

**② 평가 방식** 의사결정 방식

속성의 기준으로 의사결정할 때 한 속성이 다른 약점을 보완하는 방식으로 결정하겠다면 보완적 방식을, 한 속성을 다른 약점으로 보완하지 않겠다는 의사결정이라면 비보완적 방식으로 평가 된다.

㉠ 보완적 평가 방식 : 여러 속성별로 준 점수를 평가 기준의 중요도와 곱하여 모두 더한 값이므로 약점이 보완될 수 있다. 하지만 이런 방식으로 모두 계산하면 시간이 많이 걸리게 된다. 따라서 비보완적 방식을 많이 택한다.

[예] 병원의 보완적 평가 방식 : 위치/접근성 50% + 가격 30% , 서비스 품질 20%

㉡ 비보완적 평가 방식 : 결합방식 접속방법, 분리방식 비 접속방법, 사전편찬방식 사전형 방법, 연속제거 방식 부분별 탈락 방법 으로 나뉜다.

ⓐ 결합식 : 모든 기준 속성 에 최소 기준을 마련하고 만족 여부로 평가

ⓑ 분리방식 : 고객이 정한 허용 기준을 한 평가 기준 속성 이라도 초과하면 선택하는 방법

ⓒ 사전편찬방식 : 가장 중요한 평가 기준부터 차례로 대안들을 비교 및 평가하는 방법

ⓓ 연속제거 방식 : 사전 편집식 방식과 유사하나 중요한 속성부터 순차적으로 허용 수준을 설정하여 이를 기준으로 비교하여 마지막까지 남은 상표 대안을 선택하는 방법

### (3) 대안 평가 및 상품 선택에 관여하는 요인들

**① 후광 효과**

상품 평가 시 일부 속성에 의해 형성된 전반적 평가가 다른 속성의 평가에 영향을 미친다.

**② 유사성 효과**

새로운 상품 대안이 나타난 경우, 그와 유사한 성격의 기존 상품을 잠식할 확률이 유사성이 떨어지는 기존 상품을 잠식할 확률보다 높은 현상을 말한다.

**③ 유인 효과**

기존 대안보다 열등한 대안을 우월하게 평가하도록 기존 대안보다 열등한 대안을 내놓음으로써 기존 대안을 상대적으로 돋보이게 하는 방법이다.

**④ 프레밍 효과**

대안들의 준거점에 따라 평가가 달라지게 되는 효과이다.

## 6) 구매

### (1) 고객 구매 행동 유형

**① 복합 구매 행동**

관여도가 높고 사전 구매 경험 없이 최초로 구매하는 경우

**② 충성 구매 행동**

고관여 고객이 구매된 상표에 만족하면 그 상표에 대해 충성도가 생겨 반복적인 구매 행동을 하게 되는 경우

**③ 다양성 추구 행동**

저관여 고객이 여러 가지 상표를 시도하는 행동

**④ 관성적 구매 행동**

저관여 고객이 습관적으로 동일 상표를 반복 구매하는 행동

### (2) 구매행동의 영향 요인

**① 사회적 환경** 직접적 · 사회적 상호 작용

주변인이나 판매원에게 질문하는 등의 행위 타인의 관찰을 통한 간접적인 상호 작용

**② 물리적 환경**

제품, 상표, 상점, 실내디자인, 조명, 소음 등

**③ 소비 상황**

고객이 제품을 사용하는 과정상 발생 가능한 상황

**④ 구매 상황**

구매 가능성, 가격 변화, 경쟁 상표 판매 촉진 등 구매하게 되는 시점의 상황

**⑤ 커뮤니케이션 상황**

제품 정보에 노출될 때의 주변의 상황, 주변인과의 구전 커뮤니케이션이나 광고, 점포 내 디스플레이 등

### (3) 저관여 고객의 구매 행동

① 구매 후 부조화 현상이 적음
② 일상적으로 빈번하게 구매하는 제품인 경우에 해당
③ 수동적으로 획득한 지식으로 형성된 상표 신념에 따라 구매
④ 구매 제품군의 상표 간 차이가 미미할 경우 습관적 구매
⑤ 제품의 상표 간 차이가 뚜렷한 경우 다양성 추구 구매행동이 나타남

### (4) 고관여 고객의 구매 행동

① 태도 변화가 어렵고 드물다.
② 불일치하는 정보에 저항한다.
③ 능동적으로 제품 및 상표 정보를 탐색한다.
④ 설득을 위하여 메시지의 수보다 내용이 더욱 중요하다.
⑤ 부조화 감소 구매 행동이 나타난다.

### (5) 구매 후 행동

기본적으로 구매 의사결정 과정은 구매를 함으로써 끝나는 것이 아니라, 자신이 구매한 제품을 사용하면서 만족 또는 불만족을 경험하게 되고 자신의 구매 결정에 대한 잘잘못을 평가하며 나아가 그 제품에 대한 재구매 여부를 결정하는 일련의 과정을 포함한다.

소비자의 구매 후 행동은 다양한 형태로 나타난다. 예를 들어 똑같은 제품을 구매한 사람일지라도 어떤 사람은 만족해하고 어떤 사람은 불만족을 표시하기도 한다. 또한 어떤 이는 불만족을 스스로 해소하면서 그 제품을 사용하는 반면, 어떤 이는 다른 제품으로 교환 혹은 환불을 요구하는 등 적극적으로 행동하기도 한다. 아래의 그림은 소비자의 구매 전 구매 후 행동이 어떻게 서로 연관성을 가지는지 보여주고 있다.

구매 후 만족/불만족은 소비자가 느끼는 불일치 정도에 따라 결정된다. 여기서 불일치라 함은 제품에 대한 기대수준과 지각하게 되는 제품성과의 차이를 말한다. 소비자는 일반적으로 지각된 성과가 자신의 기대수준과 차이가 없거나 수준 이상이면 제품에 대하여 만족한다. 그러나 지각된 제품성과가 자신의 기대수준 이하일 때에는 그 제품에 대하여 불만족하게 된다.

한편 소비자는 구매 이후 자신의 의사결정에 대한 일종의 불안감을 가질 수 있다. 소비자는 자신이 구매한 상표가 의사결정 과정에서 고려된 다른 상표 대안들보다 더 나은 것인가에 대한 심리적 갈등을 느낄 수 있는 데, 이를 구매 후 부조화라고 한다. 소비자의 구매 후 부조화가 감소되면 만족으로 이어질 것이고 그렇지 못한 경우 불만족으로 이어질 것이다. 소비자가 해당 제품에 대하여 만족을 하더라도 구매 후 부조화는 나타날 수 있는 데, 이는 다른 대안과의 비교이기 때문이다.

소비자의 제품에 대한 만족/불만족은 제품에 대한 재구매 의도에 영향을 미치게 된다. 한편 소비자들은 귀인이라는 독특한 심리 과정을 거치게 된다. 이는 자신의 만족/불만족에 대한 나름대로의 원인과 책임을 생각하는 인과추론 과정을 말한다. 따라서 이러한 인과추론 과정의 결과에 따라서 재구매 의도가 달라질 수도 있다.

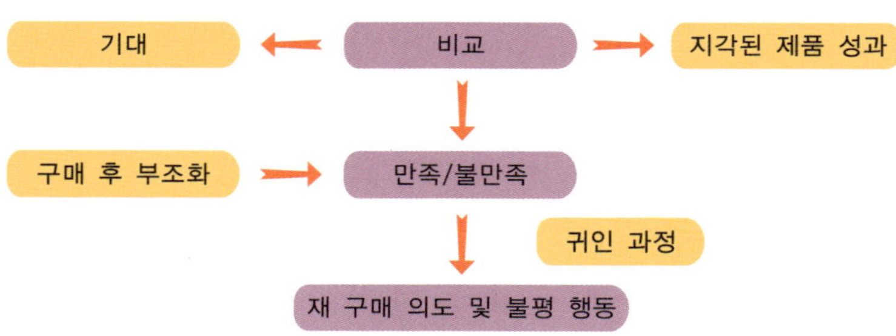

## 3. 메디컬 스킨케어 치료에 따른 상담 특성

### 1) 메디컬 스킨케어 상담의 정의

전문적인 훈련을 받은 상담자가 특정한 문제를 가진 내담자로 하여금 자신이 처해 있는 입장과 환경을 이해하고 합리적인 의사결정을 내리고, 적절한 행동을 실행할 수 있도록 돕는 활동이다. 다시 말해, 상담이란 적응상의 문제에 직면하여 조력을 필요로 하는 개인과 심리학적 훈련이나 지식이 풍부한 경험으로 타인을 조력할 수 있는 자질을 가진 전문가와의 면대면 관계에서 대화를 통해 행해지는 적절한 원조과정이다.

### 2) 메디컬 스킨케어 피부과 치료의 특성

① 메디컬 스킨케어 피부과 는 다른 진료과에 비해 생명으로 직결되거나 응급의 긴박함이 요구되는 경우가 비교적 적으므로 환자의 욕구를 정확히 파악하고 이해하는 것이 무엇보다 중요하다.

② 레이저 치료의 경우, 시술 후의 재생 관리를 어떻게 하느냐에 따라 효과가 증감되거나 반감될 수 있으므로 시술 후 관리의 필요성, 중요성에 대해 충분한 설명이 필요하다.

③ 메디컬 스킨케어 치료는 대부분 장기간에 걸친 치료로 만족을 이끌어내야 하므로 단기간의 극적인 효과에 중점을 둔 상담은 피해야 한다. 충분한 설명과 확인 과정을 거쳐 환자가 납득하고 계획할 수 있도록 한다.

### 3) 메디컬 스킨케어 상담의 순서

고객의 니즈를 충족시키고 의사와 고객 간의 원활한 커뮤니케이션을 도와 고객에게 더욱 만족스러운 서비스를 제공한다. 고객들은 진료 전과 진료 후 의사의 실력과 치료의 효과 그리고 치료 후 결과에 대한 궁금증, 주의사항, 진료비 등에 대해 확인하고 충분한 설명을 받고자 하므로 상담을 통하여 만족스러운 서비스를 제공한다.

### (1) 상담 전 준비

#### ① 인포메이션 Information

사람에게서 첫 인상이 중요하듯 병원의 이미지, 더 나아가 사업의 성패를 가르는 진실의 순간 MOT : Moment Of Truth 이 이루어지는 첫 번째 공간이다. 고객과의 첫 만남이 이루어지는 장소이며, 고객의 입장과 퇴실 시 반드시 거쳐야 하는 중요한 장소이다.

고객 방문 시 등록과 접수가 이루어지고, 퇴실 시에는 계산업무나 다음 예약일정을 주로 담당하며, 고객 등록용 컴퓨터와 금전 출납, 고객 접수 양식 등 병원 전체를 통제하는 중요한 곳이기도 하다. 따라서, 출입구와 가깝게 위치하여 고객 방문이 용이하도록 해야 하며, 병원 전반에 걸친 오퍼레이팅이 가능해야 하고, 시야가 확보되어야 한다. 또한 고객의 관리 결재가 이루어지는 공간이므로 인포메이션 뒤편과 주변에는 고객들이 가장 관심있어하는 제품, 정보지 등을 비치하거나 고객의 접근성을 높이는 것이 효과적이다.

#### ② 상담실

체계적인 상담을 할 수 있도록 상담실은 따로 독립적인 공간으로 분리하는 것이 좋으며, 상담실은 고객 상담이 용이하도록 테이블에는 간단한 유·수분 측정기를 비치하고 사전 체지방 측정기, 피부 진단기, 기타 식습관을 알 수 있는 프로그램을 도입하여 고객과 상담하고, 관리 상황을 단계별로 분석하여 체계적인 상담을 진행할 수 있도록 한다. 고객 상담 시 관리 프로그램과 제품에 대한 충분한 이해와 설명이 전달되어야 관리 전·후에 판매로의 유도가 용이해진다.

병원의 이미지가 좌우되는 독립적인 공간으로 주력 사용 제품의 진열을 통해 관리 전 관리 제품과 홈케어용 소매 retai 제품 안내와 가격에 대한 정보까지 제공받을 수 있도록 한다.

#### ③ 대기 공간

고객이 관리받기 전 잡지를 보기도 하고, 휴식을 취하기도 하는 대기 공간으로 편안함이 제공되어야 한다. 잡지, 신문 등 고객의 프로그램 서비스 에 대한 관련 기사나 정보를 따로 체크해두어 고객이 쉽게 찾아 볼 수 있도록 하며, 관리 전이나 상담 전에 사전 정보를 제공하여 프로그램에 신뢰도를 높일 수 있다.

스마트폰의 보급과 확산으로 개인 휴대폰 이용이 많아졌기 때문에, 병원 내 공개로 설정한 와이파이로 대기 고객의 스마트폰, 노트북 등의 이용을 용이하도록 하는 것이 좋다. 병원의 홈페이지 방문

시 다양한 프로그램에 대한 정보를 제공 받을 수 있도록 하고, 댓글이나 참여글 작성 시 회원으로서 혜택을 제공하여 병원과 공유할 수 있는 부분을 확대해 나간다.

> 대기 공간에서 개인 노트북이나 스마트폰의 활용 및 충전이 가능하도록 전기 코드를 대기 공간 곳곳에 배치하며, 관리 중에는 종류별로 충전 서비스를 해주는 것도 좋다.

#### ④ 관리 공간

고객이 본격적인 관리 서비스를 받는 힐링 공간으로 오감 만족을 통하여 기본적으로 안락함과 편안함이 제공되어야 하며, 오감 만족 마케팅에 직접 적인 활용이 필요하다.

### (2) 상담의 시작

#### ① 초진의 경우

눈맞춤, 미소, 스킨십과 같은 적절한 비언어적 접근과 함께 인사말을 건네면 고객이 편하게 마음을 열 수 있는 분위기를 조성할 수 있다. 첫 방문의 낯섦을 없애기 위해 프로그램에 따른 이동 동선을 미리 설명하고, 되도록 앞에서 안내한도록 한다.

#### ② 재진의 경우

재진 환자의 이름을 기억하고 반갑게 맞이하는 서비스를 제공하여 친근감을 강조하는 서비스를 제공한다. 지난 방문에 대한 불편사항이나 요구 사항 등을 질문하여 고객으로 하여금 관심 받고 있다는 사실을 명기하도록 한다.

### (3) 진료 전 상담

#### ① 진료 전 상담을 통해 고객 스스로가 자신의 문제와 욕구에 대해 정리할 수 있도록 한다.

병원에 대한 정보, 의사의 정보를 제공하여 주치의에 대한 신뢰를 심어준다. 또한 고객이 편안한 분위기에서 의사를 만나 궁금한 사항들을 꼼꼼히 질문하고 문제 해결을 위한 치료에 대해 충분한 상담을 할 수 있도록 한다. 상담 기록지를 작성하는 순간을 제외하고는 항상 고객과 시선을 맞추고 경청하도록 한다.

② 상담 기록지 작성

고객의 신상정보, 질병력 등 건강상태, 병원 방문의 목적, 고민과 희망사항, 과거 병원에서의 만족하지 못한 서비스에 대한 경험 유무 등의 모든 정보와 강조되야 하는 내용을 기록하여 의사에게 전달하도록 한다.

### (4) 진료 후 상담

① 의사와의 진료 상담 이후 부연설명을 통해 고객의 이해를 돕고, 의사의 진단과 치료 방침에 따라 고객별 맞춤 상담을 진행한다. 현재 고객의 피부상태를 설명하고 치료 방법과 소요시간, 효과, 주의사항 등을 알기 쉽게 시각적인 자료 등을 이용하여 설명한다.

② 치료를 결정하게 되면 전체적인 흐름을 예측할 수 있도록 배려하며, 치료비 수납까지의 안내를 도와준다. 치료 순서와 치료 후 주의사항 등에 대해 미리 설명을 하여 불안감을 감소시킨다.

③ 시술 후에 중요한 것은 무엇보다도 시술과정에 대한 고객의 경험을 공감해주는 것이다. 병원에서는 늘 예상하지 못한 일이 생길 수 있으므로 고객이 당황하는 모습을 안심할 수 있도록 능숙하게 응대하는 것이 중요하다. 시술 후에는 주의사항이 적힌 안내지를 제공하도록 한다.

## 4. 메디컬 스킨케어 고객 컴플레인 상담 실무

### 1) 컴플레인의 정의와 발생 원인

#### (1) 컴플레인의 정의

컴플레인 Complain 이란 고객이 상품을 구매하는 과정에서 또는 구매한 상품 서비스 에 관하여 품질, 서비스, 불량 등을 이유로 고객의 주관적인 부분을 포함한 불만을 제기하는 것이다.

**클레임** Claim

객관적인 사실에 대한 문제제기 또는 소송, 분쟁, 의견 제안 등 상대방의 잘못된 행위에 대한 시정을 요구하는 것이다.
클레임의 경우는 고객의 요구를 잘 처리했느냐 못했느냐에 따라 컴플레인으로 발전할 수도 있다.
반면 컴플레인은 빠른 사과와 신속한 일처리가 동반되면 클레임으로 이어지는 경우는 드물다.

#### (2) 컴플레인의 발생 원인

컴플레인의 발생 원인은 두 가지 측면으로 나눠 볼 수 있는데, 서비스 제공자 측 원인과 고객 측 원인이 있다. 서비스 제공자 측 원인으로는 교환이나 환불을 회피하려 하거나 당연한 고객의 요구를 무시할 때 발생하고, 프로그램 관리 소홀이나 무성의한 고객대응 태도 등 일처리의 미숙이 대부분이며, 고객 측 원인으로 상품 서비스 에 대해 고객이 만족을 못하거나 결과가 기대수준에 미치지 못할 경우 및 나쁜 경험 불친한 서비스, 치료 후 불만족, 편의 시설에 따른 이용 불편, 후 관리의 약속 불이행, 가격, 광고, 분실 등 이나 기억의 착오와 할인의 구실을 찾기 위한 고의성 등이다.

### 2) 컴플레인의 처리 방법

컴플레인 상황 시 고객은 일반적으로 화가 나 있다는 점에 유의하여 정중히 사과하고, 이의를 제기한 원인부터 파악한다. 고객과 논쟁이 일어나지 않는 것을 원칙으로 가능한 한 빠른 시간 내에 해결하는 것이 병원 입장에서도 좋다.

고객 불만을 잘 처리하면 고객의 충성도가 올라가지만 그렇지 못하면 고객이 이탈하기 쉽다. 고객이 상품 서비스 을 평소에 잘 이용하며 아무런 문제를 느끼지 못한 상황에서는 10% 정도의 재방문율을 보이지만 불만사항을 말하려고 온 고객에게 병원에서 진지하게 대응하게 되면 고객의 65%가 다시 방문한다는 것이다. 다시 말해, 고객이 직원의 대응을 충분히 이해했을 경우 오히려 고객 불만이 나타나지 않았던 때보다 재방문율이 높아진다. 이를 '**존 굿맨의 법칙**'이라 한다.

### 존 굿맨 John Goodman 의 법칙

- 제1법칙 : 자신의 불만을 해결하여 만족하게 된 고객은 불만을 갖고 있지만 토로하지 않는 고객에 비해 동일 브랜드를 재구입할 가능성이 매우 높다.
- 제2법칙 : 고충 처리에 불만을 품은 고객의 비우호적인 소문의 영향은 만족한 고객의 호의적인 소문의 영향에 비해 두 배나 강하게 판매를 방해한다.
- 제3법칙 : 소비자 교육을 받은 고객은 기업에 대한 신뢰도가 높아 호의적인 소문의 파급효과가 기대될 뿐 아니라 상품의 구입 의도가 높아져 시장 확대에 공헌한다.

### 3변 주의

- 사람을 바꾼다.
- 장소를 바꾼다.
- 시간을 바꾼다.

**참고**

p.197 MTP 기법

### 3) 컴플레인 처리의 단계

#### (1) 1단계 : 고객의 컴플레인 내용과 원인에 대한 정보수집

고객의 주장을 상세히 듣고 문제점을 메모하며, 문제 발생에 대해 사과한다. 상담자는 고객의 입장을 이해해야 하며, 컴플레인 내용을 거역하지 말며, 논쟁은 피해야 한다.

#### (2) 2단계 : 고객의 컴플레인의 원인을 분석

컴플레인에 대한 사실 확인과 문제점을 파악하고, 전례를 비교하여 객관적인 사실을 조명하며 원인을 확인한다. 상담자의 의견이나 평가는 넣지 않도록 하며, 고객의 잘못을 거론하지 않는다. 고객의 착각이나 오해가 있을 경우 지적하기 보다는 고객이 자연스럽게 상황을 이해할 수 있도록 한다.

#### (3) 3단계 : 해결책을 검토

병원의 방침이나 해결의 방안을 설정하고, 고객요구 사항에 대한 파악과 병원 정책의 적합 여부를 검토하여 만족할만한 해결방안을 모색한다.

#### (4) 4단계 : 고객에게 해결책 제안

상담자의 권한 내의 문제라면 즉각 처리하고, 권한 밖의 문제라면 병원의 상사나 책임자에게 처리를 의뢰하며, 만족스런 해결방안을 결정하고 이를 제시하도록 한다.

#### (5) 5단계 : 처리 결과를 검토

고객의 만족도를 확인하며 결과를 재검토한다. 재발방지를 위한 대책을 강화하며 판매 촉진으로의 영향 또한 검토해야 한다.

## 평 가

1. 메디컬 스킨케어 상담의 상담자의 자질을 설명하시오.

2. 초진과 재진의 상담 특징을 비교 설명하시오.

3. 컴플레인 처리의 5단계를 설명하시오.

## 해답 & Tip

**1** ① 상담자는 정직하며 편견이 없는 객관성을 유지해야 한다.
② 윤리적 책임감에 대한 의지가 있어야 한다.
③ 유연성과 안정성, 호감을 주는 성격이어야 하며, 호기심과 창의성, 유머감각이 있어야 한다.
④ 민첩성, 자발성과 인내성이 있어야 한다.
⑤ 긍정적 태도와 폭넓은 견해, 겸손하고 훌륭한 관찰자의 태도를 갖는 것이 중요하다.
⑥ 자신을 긍정적으로 평가하는 태도를 보여야 한다.
⑦ 경험을 통해 얻은 보편적 지식을 가지고 지식과 경험을 통합할 능력을 가지며, 직관과 통찰력도 중요하다.

**2** 초진의 경우 눈맞춤, 미소, 스킨십과 같은 적절한 비언어적 접근과 함께 인사말을 건네면 고객이 편하게 마음을 열 수 있는 분위기를 조성할 수 있다. 첫 방문의 낯설음을 위해 프로그램에 따른 이동 동선을 미리 설명하고, 되도록 앞에서 안내한도록 한다.

재진의 경우 재진 환자의 이름을 기억하고 반갑게 맞이하는 서비스를 제공하여 친근감을 강조하는 서비스를 제공한다. 지난 방문에 대한 불편사항이나 요구 사항 등을 질문하여 고객으로 하여금 관심 받고 있다는 사실을 명기하도록 한다.

**3** 컴플레인 처리의 단계

① 1단계 : 고객의 컴플레인 내용과 원인에 대한 정보수집
② 2단계 : 고객의 컴플레인의 원인을 분석
③ 3단계 : 해결책을 검토
④ 4단계 : 고객에게 해결책 제안
⑤ 5단계 : 처리 결과를 검토

Medical Skincare

&

Medical Service

# PART 02

# 메디컬 코디네이터 이론과 실무

CHAPTER

# 01 메디컬 코디네이터의 이해

## 1. 메디컬 코디네이터 정의

병원서비스는 병원 중심의 서비스에서 소비자의 의료서비스로 변화하며 고객 서비스를 전담하는 인력이 자리 잡게 되었다. 메디컬 코디네이터는 1990년대 초 미국의 의료기관에서 시작된 개념으로 "조정하다", "동등한", "대등한", "통합하다" 등의 뜻을 가지고 있으며 Coordinate 와 or의 합성어이다. 우리나라는 1994년 처음으로 모 치과병원에서 도입되었다.

**코디네이터의 사전적 의미**

- 조화하여 움직이다.
- 대등하게 하다.
- 둥격으로 하다.
- 조정하다.
- 서비스를 선행하다.
- 동등하게 하다.
- 적절한 관계로 하다.
- 통합하다.

메디컬 코디네이터는 병원경영 서비스로 부서와 부서를 연결해주며, 병원 주 업무인 진료 이외의 모든 업무 영역인 경영, 기획, 서비스 등의 관리 및 운영을 전문적으로 담당한다. 고품질의 의료서비스 전문가로서 환자들의 의료 서비스에 대한 욕구를 충족시키며, 병원과 고객 사이의 원활한 소통을 도와 신뢰관계를 유지시키며 고객으로 하여금 병원에 대한 긍정적인 이미지 형성을 돕는다. 또한 병원의 분위기 연출 및 차별화 된 서비스 즉, 우리 병원만이 가지고 있는 고객을 먼저 최우선으로 하는 차별적이고 체계적인 서비스로 '고객 만족주의'를 실천 할 수 있도록 한다. 메디컬 코디네이터는 병원에서 발생할 수 있는 모든 상황을 적절히 조절하여 관계를 조화롭게 할 수 있도록 한다. 따라서 병원의 고객 서비스를 계획하는 전문가라 할 수 있다. 코디네이터란 결국 의료진과 잘 협력하여 환자가 병원에서 나가기까지 매끄럽게 조정자 역할을 하여 고객만족을 실현하는 전문가라 할 수 있겠다. 특히 병원에 서비스에 있어서는 자신이 프로 또는 전문가라는 의식을 가지고 열정과 사명감을 가져야 하겠다.

## 2. 메디컬 코디네이터의 업무

메디컬 코디네이터는 병원에서 의사, 직원, 고객 사이에서 원활한 관계 형성을 돕는 역할을 한다. 병원 경영 서비스 전문가로써 단순히 고객을 응대만 하는 것이 아닌 고객들의 요구에 따라 적절한 서비스를 제공하여 병원 경쟁력을 높이고 병원의 성장 및 원활한 운영을 도모하는 역할을 하게 된다. 또한 병원의 중간 관리자로서 병원과 환자와의 신뢰감을 조성하고 병원 내부의 원활하고 긍정적인 근무 분위기 조성과 병원 이미지 홍보를 담당하며 병원의 인사, 고객 관리 등 환자의 치료 업무 이외의 업무를 원활하도록 조정하는 역할을 하는 의료서비스 전문가이다. 이런 메디컬 코디네이터의 주 업무는 크게 리셉션업무, 고객관리, 상담업무, 직원관리, 온라인 및 홈페이지 관리, 홍보관리, 서비스 마케팅 등으로 볼 수 있다.

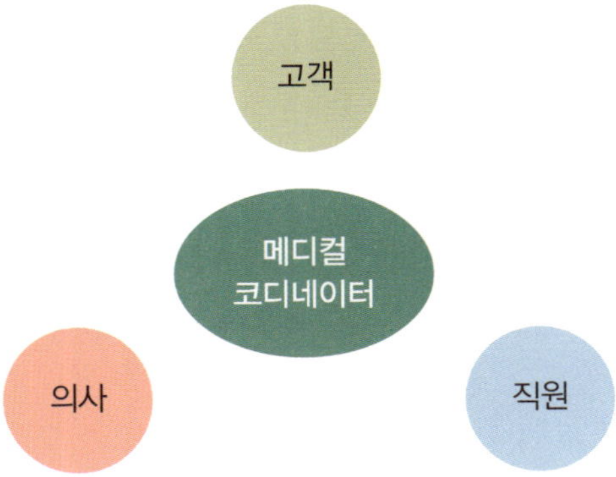


메디컬 코디네이터 역할

### 1) 리셉션 업무

병원을 방문하는 고객의 안내, 접수, 대기관리, 진료예약과 수납 관련 업무 등의 고객 응대 관리를 한다.

### 2) 고객관리

의료서비스에 대한 고객의 만족도 및 불만사항을 확인한다. 그에 따른 고객 맞춤형 서비스를 준비하여 고객의 재방문 및 신규 고객 유치를 도모하여 병원의 전문성과 경쟁력을 만들어 낸다.

### 3) 고객 상담

대면 또는 전화나 온라인(SNS)을 통하여 고객의 병원 방문 및 이용에 불편함이 없도록 돕는다. 의료상담과 진료계획 및 스케줄을 관리하며 사후 관리 상담, 기타 고객 관련 모든 상담을 통하여 고객의 만족도를 높인다.

### 4) 직원관리

병원에 근무하는 직원들이 고객 서비스 및 응대에 집중할 수 있도록 직원 고충 처리, 복리후생 및 직원 혜택 증가 등의 여러 방법을 활용하여 이직을 방지하고 근무 만족도를 높인다.

### 5) 온라인 채널 관리

고객과의 소통 통로 중 가장 큰 비중을 차지하는 온라인 매체를 통하여 병원에 대한 정보 및 이미지를 알리기 위해 병원 자체 홈페이지 및 블로그, SNS 채널을 관리하고 홍보한다.

### 6) 홍보 관리

병원 정보 및 이미지를 알리기 위한 병원에 대한 기초적이면서 전문적인 각종 정보를 정리하고, 병원과 관련된 언론기사 스크랩 및 체크 등을 통하여 병원 홍보와 관련된 구체적인 업무 기획 및 관리를 한다.

### 7) 직원 교육

병원 직원들을 대상으로 서비스 마인드 및 이미지 메이킹 교육을 진행하여, 고객 응대 만족도를 높여 전문적이고 차별화된 병원 이미지를 구축한다.

### 8) 서비스 마케팅

고객의 니즈를 파악하고, 경쟁사 방문 및 시장조사 등을 통하여 타 경쟁 병원과의 차별점을 만들어 낸다. 고객의 만족도 상승 및 재방문 등을 도모하기 위하여 여러 마케팅을 기획하고 실천하여 병원 성장을 이루어 낸다.

## 3. 메디컬 코디네이터의 분류

병원을 방문하는 고객을 응대하고, 병원의 이미지 향상을 도모하여 병원 경영을 도와주는 메디컬 코디네이터는 분야별로 다양한 전문 코디네이터가 있다. 하지만 규모가 작은 병원에서는 유능한 한사람이 업무를 담당하기도 한다. 업무 분류에 따라서 크게 상담 코디네이터, 서비스 코디네이터, 마케팅 코디네이터, 리셉션 코디네이터 등으로 세분화하여 구분할 수 있다.

**보험 유형에 따른 환자 분류**

보험 유형은 EMR에서 제공하고 있는 수신자 자격 정보 제공란에서 확인할 수 있으며 의료보험의 종류는 보험, 비보험으로 나눌 수 있다.

- 국민건강보험(국민건강보험공단에서 수신자 자격 정보 제공)
  진료비의 일정부분을 나라에서 지원해주는 것이며, 우리나라 국민의 95%가 가입되어 있다. 환자의 주민등록번호를 입력하는 수신자 자격 정보 정보 검색은 건강보험공단에 등록된 병원 인증서를 사용한다. 환자 개인 정보는 누설되면 안 되므로 공인인증서에 대한 교육은 필수이다. 그 밖에도 의료 급여, 교통사고, 산업재해 사고, 보훈 대상자 등이 보험에 해당한다.
  [예] 감기, 두통, 골절 등의 필수 불가결적인 진료 범위이며, 일상생활에 지장이 생기거나 문제가 생기는 병증을 치료 및 예방하는 의료서비스가 이에 해당한다.
- 일반(비보험)
  비보험은 모든 진료 비용이나 수술 비용을 환자가 전액 부담하는 것을 말한다.
  [예] 여드름치료, 탈모, 성형수술, 레이져시술 등 미용 목적을 가지거나, 일상생활에 지장이 있는 치료이지만 필수 불가결적이지 않는 진료 범위가 이에 해당한다.

### 1) 상담 코디네이터

상담 코디네이터는 고객의 니즈를 파악하고, 구체적인 진료계획을 수립하며 진료에 따른 변화 및 효과, 주의사항, 진료비 등을 상담하여 치료결정을 도와준다. 또한 진료에 대한 고객 만족도 및 예후를 파악하고 진료에 대한 추가적 관심사에 대해서 대화를 나누며, 추후의 치료계획들을 안내한다. 상담 코디네이터는 의사 다음으로 전문적인 조언을 해주어야 하기 때문에 근무하는 병원의 진료과목에 대한 전문 지식 및 임상 실무경험이 풍부한 코디네이터가 진행하여, 고객 만족도 및 의사의 진료가 원활할 수 있도록 돕는 역할을 한다.

### 2) 서비스 코디네이터

서비스 코디네이터는 병원서비스에 관계된 전반적인 일들을 처리한다. 고객들이 병원을 편리하게 이용할 수 있도록 병원 내의 서비스 절차와 환경을 관리하여 고객 만족도를 높인다. 또한 서비스 코디네이터는 정기적인 직원 교육과 고객 응대 서비스를 점검 하여 병원이 가지고 있는 장단점을 파악하고 의료서비스를 향상시키기 위해 다양한 서비스 방법을 기획하고 실행한다.

### 3) 마케팅 코디네이터

병원의 병원홍보 및 마케팅을 담당하며, 병원을 둘러싸고 있는 환경요인 중 기회와 위협요인을 분석하여 보다 나은 병원 문화 확립을 위한 계획을 수립한다. 의료계의 환경변화를 파악 및 분석하고, 고객분석을 통해 의료서비스 만족도를 점검한다. 이러한 결과를 마케팅 전략에 반영한다.

### 4) 리셉션 코디네이터

리셉션 코디네이터는 병원을 방문하는 고객이 처음 대면하게 되는 사람으로, 고객은 물론이고 그 가족이나 동반고객을 포함한 외부고객 응대가 주된 역할이다. 병원의 첫 이미지를 담당하기 때문에 차분하고 호감가는 표정과 편안한 목소리로 고객에게 신뢰를 주는 것이 중요하다. 이러한 주된 업무는 고객응대 및 안내, 접수, 수납, 대기고객 관리, 전화응대, 진료 예약관리 등이 있다.

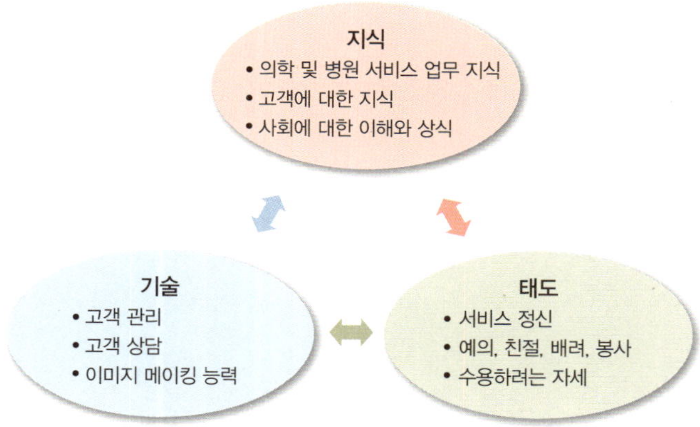


## 4. 메디컬 코디네이터의 자세

메디컬 코디네이터는 고객을 응대하는 서비스 관련 직종이기 때문에 무엇보다 고객 응대에 적합한 자세를 가지고 있어야 한다. 또한 친밀한 인간관계를 지속적으로 유지하며 자기개발에 스스로 노력하여야 한다. 따라서 병원과 직원, 그리고 고객과의 원활한 관계형성 역할을 수행하며 병원경영에 전반적인 업무를 진행하기 때문에 그에 적합한 업무에 관련된 서비스기술, 서비스지식, 서비스태도가 필요하다.

### 1) 서비스 기술

메디컬 코디네이터는 다양한 업무를 수행하며 불특정 다수의 다양한 고객을 상대하기 때문에, 긍정적이고 유연한 사고방식을 가지고 있어야 한다. 이미지메이킹 기술, 대화의 기술, 문서작성 기술, 문제처리 기술, 직원 교육 및 병원 환경관리를 위한 기획 기술 등이 필요하다.

### 2) 서비스 지식

전문성을 필요로 하는 전문적인 서비스 지식을 갖추어야 한다. 기본적인 의학전문용어, 병원서비스의 특성, 서비스 품질, 서비스 절차와 방법 등에 대한 전반적인 지식 및 풍부한 상식과 유연하고 체계적 사고가 필요하다.

### 3) 서비스 태도

고객의 말에 항상 공감하고 경청하는 태도를 갖추고 자신의 업무에 대한 자긍심을 가지고 행동을 해야 한다. 다양한 상황 및 고객을 상대하면서 인내심과 융통성을 가지고 고객을 이해하고 배려하며 친절하고 정확하게 업무를 처리해야 한다.

## 평 가

1. 메디컬 코디네이터의 사전적 의미에 대해 설명하시오.

2. 메디컬 코디네이터의 업무에 대해 설명하시오.

3. 메디컬 코디네이터의 분류에 따른 코디네이터 별 역할에 대해 설명하시오.

4. 메디컬 코디네이터의 자세에 대해 설명하시오.

## 해답 & Tip

**1** 1990년대 초 미국의 의료기관에서 시작된 개념으로 "조정하다", "동등한", "대등한", "통합하다" 등의 뜻을 가지고 있으며 Coordinate 와 or의 합성어이다. 우리나라는 1994년 처음으로 모 치과병원에서 도입되었다.

**2** 리셉션업무, 고객관리 및 만족도 조사, 상담업무, 직원관리, 온라인 및 홈페이지 관리, 홍보관리, 서비스 마케팅 등

**3**
- **상담 코디네이터**
  상담 코디네이터는 고객의 니즈를 파악하고, 구체적인 진료계획을 수립하며 진료에 따른 변화 및 효과, 주의사항, 진료비 등을 상담하여 치료결정을 도와준다. 고객 만족도 및 의사의 진료가 원활할 수 있도록 돕는 역할을 한다
- **서비스 코디네이터**
  고객들이 병원을 편리하게 이용 할 수 있도록 병원 내의 서비스 절차와 환경을 관리하여 고객 만족도를 높인다.
- **마케팅 코디네이터**
  병원의 병원홍보 및 마케팅을 담당하며, 병원의 안정적인 운영을 위하여 다양하고 고객만족도가 높은 아이디어를 기획한다.
- **리셉션 코디네이터**
  고객응대 및 안내, 접수, 수납, 대기고객 관리, 전화응대, 진료 예약관리 등이 있으며 리셉션에서 일어나는 상황을 예상하고 점검 하는 것이 주요 업무이다.

**4** 서비스 기술, 지식, 태도 세가지로, 기술에서는 고객관리, 고객상담, 이미지 메이킹 능력 기술, 지식에서는 의학 및 병원 서비스에 대한 업무지식, 고객에 대한 지식, 사회에 대한 이해와 상식, 태도에서는 서비스 정신, 예의, 친절, 배려, 봉사정신, 수용하려는 자세가 필요하다.

CHAPTER

# 02 메디컬 코디네이터의 고객응대 방법

## 1. 고객응대의 정의

고객응대는 주로 고객, 환자 등을 직 · 간접적으로 대면 또는 다양한 정보통신망 등을 통하여 서비스를 제공하는 업무를 말한다. 고객이 원하는 서비스를 제공하기 위하여 항상 고객의 입장에서 생각하고 행동해야 한다. 병원을 찾는 고객은 다양한 연령층과 성격 등을 가지고 있다. 고객 응대의 업무에는 전화 상담하기, 온라인 상담하기, 실전 고객 상담 방법등이 있다.

### 1) 전화 상담하기

전화 상담은 고객이 병원에 대한 정보를 얻기 위해 가장 많이 사용하는 병원 접근 방식 중 하나이다. 대면하지 않는 고객과 목소리로만 대화하여야 하기 때문에 고객의 표정, 몸짓, 감정 등을 파악하기 어려우며 전달하고자 하는 내용의 의미가 제대로 전달되지 않는 경우도 많기 때문에 전화 상담은 단계별 응대법이 필요하다. 병원명, 소속, 담당자를 밝히며 정확한 정보 전달을 기초로 상담에 응해야 한다.

#### (1) 초진 고객 전화 상담 응대법

- 고객의 기본 정보에 대해 물어본다(성별, 이름, 나이, 진료 목적 등).
- 중요한 병원 정보 질문은 미리 준비해둔 매뉴얼을 토대로 응대한다.
- 진료 및 치료비에 대한 문의는 공시금액을 제시한다.
- 고객의 질문사항에 지체없이 답변한다.
- 병원 위치 및 예약정보 등의 중요사항은 문자(SNS)를 통해 다시 한번 전달한다.

### (2) 재진 고객 전화 상담 응대법

- 고객차트를 찾아 고객에 대한 진료 및 치료 내용을 확인하면서 응대한다.
- 친근감을 느낄 수 있도록 한다.
- 통화 내용을 고객차트에 메모하여 다음 진료 및 상담이 원활하게 이루어질 수 있도록 한다.

### (3) 불만 고객 상담 전화 응대법

- 고객의 기본 정보를 먼저 확인한다.
- 재진 고객의 경우, 진료 및 상담 내용을 빠르게 파악한다.
- 고객의 불만 사항을 끝까지 경청한다.
- 항의 내용을 정확히 파악한다.
- 불만사항은 상사에게 요약하여 보고한다.

## 2) 온라인 상담하기

잠재 고객을 유치하는 데 큰 역할을 하며, 타 병원과의 비교가 쉬운 병원 접근 방식 중 하나인 온라인은 홈페이지, 블로그, SNS 등을 통하여 고객들의 문의가 빈번하고 원활하게 이루어 지는 채널이다. 본원만이 가지고 있는 강점을 살릴 수 있는 상담기법이 필요하다.

### (1) 온라인 상담 전 준비 사항

온라인 상담으로 자주 들어오는 문의 및 상담 내용을 매뉴얼화 하고, 각 부서의 주요 정보를 파악하여 빠르게 고객 상담에 응대 할 수 있도록 한다.

### (2) 실시간 온라인 상담

병원에서 대면하는 상황은 아니지만, 고객과 온라인을 통하여 텍스트 혹은 영상 상담을 진행 하는 것이기 때문에 자세 및 몸가짐의 흐트러짐 없이 준비하여야 하며 작은 어투 및 행동에도 오해를 일으키기 쉽기 때문에 적절한 용어와 말투 그리고 표정으로 고객 상담에 응해야 한다.

#### (3) 온라인 예약시 고객에게 전달 사항

담당 의사, 예약 날짜 및 시간, 병원 도착 시간, 진료 장소, 방문 전 준비 사항(금식, 검사 시료, 기타 등)에 대하여 안내하며, 차 후 문자(SNS)로 한번 더 확인 안내한다.

#### (4) 온라인 상담 글 작성

병원 인사말을 시작으로 고객이 문의한 내용에 답변 및 상담, 진료 및 시술에 대한 제반 비용 안내가 필수적으로 이루어져야한다. 담당자의 마무리 인사말과 함께 병원 전화번호 및 근무시간, 주소 또는 병원 위치를 알리는 약도를 첨부한다.

### 3) 실전 고객 상담 방법

병원을 찾는 여러 고객은 다양한 연령층과 성격 및 개성을 가지고 있으며 각각의 고객이 추구하는 목표와 내원 목적이 각각 다른 모습을 띄고 있다. 상담자는 고객의 목적 및 만족도를 높이기 위해 많은 노력을 기울여야 한다. 이에 따른 고객 맞춤형 고객 유형별 상담이 필요하다.

#### (1) 연령에 따른 고객 응대 방법

##### ① 10세 미만의 어린이 고객 응대

어린이를 고객으로 맞게 될 때는 외모나 의복 등의 칭찬으로 대화를 시작하도록 한다. 유행하는 게임이나 장난감 등을 화제로 어린이가 대화에 적극적으로 참여할 수 있도록 한다. 특히, 어린이는 보호자와 동반 방문이 보통이므로 보호자에게 진료 및 상담내용을 자세하게 전달하여야 한다.

##### ② 청소년 고객 응대

청소년기는 신체적, 심리적 변화가 크게 나타나며 주변 친구들이나 또래들의 평가와 시선이 가장 중요한 시기이다. 청소년 고객과의 응대를 위하여 최신 유행하는 노래나 연예인 정보, 청소년 사이에서 화제성이 있는 주제내용을 대화에 끼워 넣도록 한다. 그리고 학교 성적이나 시험 등 청소년이 부담을 가질 만한 화제는 피하도록 한다. 병원의 대기실에는 와이파이 이용안내를 하도록 한다.

#### ③ 20대의 고객 응대

상담할 때는 고객 의견을 최대한 존중해 주고 고객의 의견이 진료나 치료에 반영된다는 것을 알 수 있게 해 주어야 한다. 또한 20대는 외모나 패션에 가장 민감하고 관심을 보이는 시기이므로 최신 패션 잡지와 최신 화장품 잡지를 비치하는 것이 좋다.

#### ④ 30대의 고객 응대

고객이 원하는 바를 명확하게 파악하여야 한다. 30대 고객은 여러 가지 원인(스트레스와 과음, 흡연, 불규칙한 식사, 운동 부족 등)으로 쉽게 피곤함을 느끼고 지쳐있는 경우가 대부분이다. 따라서 휴식을 가질 수 있는 분위기를 조성해 주어야 한다.

#### ⑤ 40대의 고객 응대

비용적인 문제보다는 병원 서비스 및 진료에 대한 만족도가 중요하다. 가격적인 부분보다는 고객 만족도에 조금 더 치중하여 응대하여야 한다. 자신 뿐만 아니라, 가족 혹은 주변에 지인들을 소개해 주는 경우가 많기 때문에 병원의 전문성 및 고객 자신이 vip로 대접받는 느낌을 받도록 응대해주는 것이 중요하다.

#### ⑥ 50대 이상 고객 응대

신체변화 및 여러 가지 주변 상황의 변화가 잦아 심리적으로 위축되고, 타인에게 인정받고자 하는 심리가 강해진다. 고객의 말에 경청하고 공경하는 태도를 보여야 한다. 고객에 대한 작은 배려 및 관심을 보이는 대화를 위주로 나누고 병원 방문시 친근감을 보이며 반겨야 한다.

### (2) 상황에 따른 고객 응대 방법

#### ① 전문가형 고객

자신의 지식을 뽐내며 자신을 과시하는 유형일 경우 고객의 말을 경청하며 고객을 칭찬하고 존중해 주며 응대해주는 것이 좋다. 잘못된 부분은 직접적으로 지적하거나 고치려 하지 않고 우회적으로 고객 스스로가 느낄 수 있도록 유도하는 것이 좋다.

#### ② 자신감이 없는 고객

소극적인 성격이거나, 병원의 분위기가 불편하여 자신의 의견을 피력하지 못하는 경우가 대부분이다. 작은 칭찬으로 대화를 시작하며 고객의 장점을 부각시켜 대화를 이끌어 나가는 것이 중요하다.

너무 과한 칭찬이나 액션은 고객을 더욱 더 불편하게 만들기 때문에 편안한 분위기를 조성하는 것이 중요하다.

### ③ 쉽게 흥분하는 고객

차분하고 조용한 분위기에서 응대하는 것이 좋으며, 고객의 기분이 조금 가라앉을 수 있도록 음료나 다과를 제공한다. 고객 스스로가 진정된 상태에서 대화를 이어 갈 수 있도록 도와주며, 고객이 오해하거나 불만을 가지는 사항이 있다면 차분하게 설명하고 이해시킨다.

### ④ 호의적인 고객

자신의 요구사항이나 목적을 잘 피력하기 때문에 고객의 대화나 분위기에 쉽게 휩쓸려 가지 않도록 유의해야한다. 타협할 수 없는 부분에 대해서는 확실하게 확인시켜 주고, 고객이 원하는 부분에 대해서 문제가 되지 않는 선에서 맞춰주며 대화에 호응한다.

### ⑤ 어린이 동반 고객

어린이를 동반한 고객은 어린이에 대한 관심을 고객 자신에 대한 관심으로 여긴다. 그러므로 어린아이의 특징을 재빨리 파악하여 적절한 칭찬을 하도록 한다.

### ⑥ 과장하여 말하는 고객

콤플렉스를 가진 고객일수록 과장된 표현을 많이 한다. 객관적인 자료나 데이터를 활용하여 고객을 응대하는 것이 좋으며, 고객과의 대화에서 중요한 부분은 꼭 기록하여 다음 고객응대에 대처할 수 있도록 한다.

### ⑦ 의심이 많은 고객

과한 친절이나 응대, 자세한 설명 등은 고객의 의심을 더 불러 잃으킬 수 있기 때문에 자신감 있는 태도로 객관적인 자료나 데이터를 활용하여 정확한 내용만을 전달한다.

### ⑧ 뽐내는 고객

자랑이 심하고 거만하며 직원보다는 책임자에게만 접근하려고 하는데, 이런 고객을 다루는 유일한 방법은 마음껏 자랑하게 하는 것뿐이다. 이런 고객일수록 단순한 면이 있어서 칭찬해 주고 맞장구쳐 주는 응대를 하면 의외로 쉽게 상담할 수 있다.

### ⑨ 쾌활한 고객

쾌활한 고객은 차후 인간적인 교류까지도 가능한 무난한 고객이다. 이런 고객에게는 너무 정중한 응대보다는 친숙한 사이로 접근하는 것이 바람직하다.

### ⑩ 얌전하고 과묵한 고객

얌전하고 과묵한 고객은 속마음을 헤아리기 어려운 고객이다. 이런 고객은 한번 마음에 들면 오래 계속되나, 반대로 마음이 돌아서면 끝인 고객이다. 과묵한 대신 오해도 잘하기 때문에 정중하고 온화하게 응대해 주고, 고객 응대도 차근차근 빈틈없이 해 주어야 한다.

## (3) 접수 단계 응대 법

진료 접수는 단순한 접수 공간이 아닌 고객을 환영하는 공간이며, 고객이 병원에 방문할 때 가장 처음 접하게 되는 단계이다. 병원 전체의 이미지를 좌우하는 단계이기 때문에 진료 접수 단계는 가장 중요한 단계라고 볼 수 있다. 고객이 병원의 첫 이미지를 신뢰하고 끝까지 유지할 수 있도록 응대해야 한다. 먼저 병원에 고객이 들어오는 것이 보일 때, 일어서서 맑은 목소리로 인사한다. 초진 및 재진 여부를 확인하고, 성함과 함께 예약 상황을 확인한다. 고객의 초 · 재진 여부에 따라, 고객의 진료 접수 양식을 작성을 안내하도록 한다. 고객에게서 작성된 진료 접수 양식을 받으면 꼼꼼히 확인하며, 작성되지 않은 부분은 설명을 하고, 환자의 접수 양식 작성을 도와준다. 접수 양식을 접수하고 예상 대기시간을 안내하며 대기실로 안내한다.

## 피부과 문진표 예시

| ○○ 피부과 문진표 | | | |
|---|---|---|---|
| ○○ 피부과 방문을 감사드립니다.<br>보다 정확한 진료를 위하여 다음 사항을 간단히 기록 부탁드립니다. | | | |
| 이름 | | 주민번호 | |
| 주소 | | | |
| 연락처 | (전화 또는 휴대전화) | | |
| E-MAIL | (선택정보) | | |
| **○○ 피부과를 어떻게 알고 오셨나요?**<br>☐ 간판 ☐ 검색광고 ☐ 페이스북, 인스타그램 ☐ 블로그, 카페 ☐ 잡지, 신문 ☐ 소개<br>☐ 병원소셜어플(바비톡, 강남언니) ☐ 카카오톡 플러스친구 ☐ 병원 홈페이지 | | | |
| **이전에 받아보셨던 피부과 시술/처치는 어떤 것이 있나요?**<br>☐ IPL ☐ 프락셀레이져 ☐ 레이져토닝 ☐ 울쎄라 ☐ 써마지 ☐ 폴라리스, 리펌<br>☐ 더블로, 슈링크 ☐ 엑셀V ☐ 제모 ☐ 문신제거 ☐ 화학박피(TCA, 알라딘 등)<br>☐ 보톡스 ☐ 필러 ☐ 스컬트라, 엘란쎄 ☐ MTS<br>☐ 물광주사 ☐ 스킨부스터 ☐ 실리프팅 ☐ 윤곽주사 ☐ 기타( ) | | | |
| **이전에 받아보셨던 비만 시술/처치는 어떤 것이 있나요?**<br>☐ 비만치료제 복용 ☐ 메조테라피 ☐ HPL ☐ PPC ☐ 냉각지방분해(젤틱, 미쿨 등)<br>☐ 기타( ) | | | |
| **현재 앓고 계신 질환 및 복용 중인 약물이 있나요?**<br>☐ 피부질환 ☐ 간질환 ☐ 신장질환 ☐ 혈액관련질환 ☐ 면역질환 ☐ 기타질환( )<br>☐ 항생제 알러지 ☐ 리도카인(마취제) 알러지 ☐ 진통소염제 알러지 ☐ 기타약물/식품<br>☐ 복용중인 약물(비타민, 건강기능식품 제외) ( ) | | | |
| **본인의 피부와 관련된 해당사항을 체크해주세요**<br>☐ 켈로이드 체질 ☐ 헤르페스(단순포진) ☐ 아토피 ☐ 여드름 ☐ 지루성피부염<br>☐ 광선 알러지 ☐ 피부 묘기증 ☐ 기타( ) | | | |
| **진료 및 관심 사항**<br>☐ 주근깨/색소 ☐ 기미 ☐ 안면홍조 ☐ 점제거 ☐ 잔주름 ☐ 깊은주름 ☐ 탄력 ☐ 보습<br>☐ 여드름 흉터 ☐ 모공 ☐ 여드름 ☐ 지성피부 ☐ 건성피부 ☐ 민감성 피부 ☐ 문신제거<br>☐ 체중감소 ☐ 바디라인 ☐ 기타( ) | | | |
| **희망하시는 상담내용** | | | |

① 고객 내원 목적 파악하기

- 상담 경우

상담 고객을 바로 원장과 연결하기보다는 상담실장부터 연결해야 업무 진행이 원활하게 이루어진다.

- 수술 & 시술 경우

상담 및 진료와 수술이 바로 연결되어야 하며, 수술 준비 및 수술 전 주의 사항을 도와 줄 수 있는 담당자를 안내해 준다.

- 진료 & 치료 경우

대기 시간을 안내해 주고 원장 및 담당자의 연결이 이루어져야 한다.

- 대기고객 관리하기

병원 방문 시 고객이 가장 불편해 하는 것은 진료 및 처치를 받기 위한 대기시간이다. 진료 전 대기시간을 고객이 효율적으로 활용 할 수 있도록 한다. 예약된 환자의 우선순위를 명확히 하여야 하며 대기하는 환자에게 관심을 가진다. 또한 환자의 예상 대기 시간을 알린다. 대기 시간에 편안한 공간을 제공한다. 음료 제공, 인터넷 와이파이, 마사지 기계 설치 등을 제공한다.

- 진료 단계 관리

진료 시 고객의 불편함이 없도록 관리하며, 원활한 진료를 위해 의사의 진료행위를 돕는다. 또한 고객의 대각선 뒤쪽, 혹은 의료진 옆에 대기하여 고객의 상태를 확인 하고 불편함이 없는지 확인한다. 진료 중 고객의 특이사항이나, 진단 및 차후 계획에 대해서 메모 하고 숙지하여 다음 단계가 원활하게 연결될 수 있도록 한다.

- 고객 배웅하기

전문성을 띄는 업종인 병원은 고객의 재방문이 빈번하게 일어나는 곳이기 때문에, 지속적인 고객의 방문을 유도하기 위해서는 마지막 응대 단계인 고객 배웅 단계 또한 성실하게 임해야 한다.

**고객 배웅 응대**

- 주의사항 및 불편 사항을 설명하고 고객이 이해했는지 파악한다.
- 고객이 오늘의 의료 서비스에 만족하였는지의 여부를 확인한다.
- 다음 진료 예약을 하는 경우 진료 가능한 시간을 환자에게 확인 후 예약을 한다.
- 진료비 수납 안내 및 결제를 도와준다.
- 처방전이 있는 경우, 처방전을 제공하고 인근 약국 안내를 한다.
- 주차장 이용 여부를 확인하고 확인 도장을 찍어 준다.
- 고객이 귀가할 때 마음을 담아 배웅을 한다

## 2. 불만고객 상담하기

불만고객은 현재 병원의 문제점을 파악하고 개선할 수 있는 기회를 주는 고객이다. 적절한 응대를 통해 병원에 대한 긍정적인 인식을 가지게 되고, 지속적인 방문을 유치 할 수 있다. 불만을 가진 고객들이 불편함 없이 자신들의 의견을 표출 할 수 있도록 도와야 한다. 불만고객 응대 자세의 원칙은 환자의 불만 사항을 끝까지 들어주고 사실을 인정하고 마음을 담아서 진심으로 사과한다. 또한 불만 사항 해결을 위해 해결책을 제시하고 만족 여부를 확인한다.

### MTP 기법

- M(man) 응대자 바꾸기

  담당 직원에서 책임자, 코디네이터에서 실장 또는 원장으로, 될 수 있는 대로 상급자로 응대자를 바꿔 응대하게 한다.

  원칙적으로 문제는 당사자가 해결하는 것이나 경험이 많은 상사나 선임 직원에게 컴플레인 내용을 전달하여 인계함으로써 객관적인 관 점으로 컴플레인 사항을 재조명할 수 있고, 고객의 입장에서는 문제를 해결해 줄 수 있는 사람의 권위의 변화에 따라 해결 방안에 대한 기대심이 생길 수 있다. 단, 고객이 상사에게 불만사항을 두 번 반복하여 더욱 화를 내지 않도록 사전에 가감없이 객관적인 전달을 통해 문제 해결을 돕도록 한다.

- T(time) 시간 바꾸기

  고객이 진정할 때까지 기다린다. 처음에는 대꾸를 하지 않고 경청만 한다. 고객에게 중간중간 보고를 한다. 고객의 요구 사항에 대해 선택할 수 있는 내용을 제시한다.

  즉각적인 답을 피하고 냉각기간을 둔다. 해결방안을 더 자세히 알아보고자 잠시 후 또는 다른 날짜로 약속을 잡는 것도 좋으며, 고객에게 꼭 중간 처리 내용을 피드백하도록 하며, 성의 있고 정확한 일처리를 위한 방법으로 활용되어야 한다.

- P(place) 장소 바꾸기

  조용한 독립된 공간을 확보하고, 고객을 진정시키고 음료를 제공한다. 편안한 자세로 생각할 수 있는 시간을 갖게 한다.

  긴 시간이 요구되거나 다른 고객에게 영향을 미칠 수 있으므로 조용하게 대화를 나눌 수 있는 매장 내의 독립된 공간이나 외부 장소를 이용한다. 서서 이야기하는 것보다는 앉게 해서 고객을 진정시키는 것이 좋으며, 차나 음료를 제공하여 잠시 고객에게 화를 가라앉히고 해결의 실마리를 찾을 수 있는 시간을 준다.

## 3. 고객 상담 시 주의 사항

고객 상담에서 가장 중요한 사항은 고객의 입장에서 느끼는 감정을 헤아려야 하는 것이다. 고객이 병원에 방문하여 불편함을 느끼지 않아야하며, 지속적으로 찾아올 수 있도록 편안함과 안정감을 느껴야한다.

- 고객과 눈높이를 같이 하며 전문 용어를 피한다.
- 고객이 이야기할 때는 고객을 향하여 몸을 약간 앞으로 기울여 경청한다.
- 고객이 하고 싶은 말을 충분히 할 수 있도록 이야기를 들어준다.
- 고객을 무시하거나 자존심을 건드리지 않는다.
- 고객과의 지키기 어려운 무리한 약속을 하지 않는다.
- 고객과의 대화 시 적당한 거리를 유지해 불쾌감이 없도록 한다.
- 고객과 상담할 때는 산만한 행동을 삼가고 집중하는 태도를 보인다.
- 고객의 프라이버시를 침해하거나 정치, 종교에 관한 대화는 하지 않는다.
- 경쟁 병원을 비난하지 말고 우리 병원의 장점을 잘 부각시킨다.
- 너무 장황하게 응답하지 않고 부정적인 단어를 사용하지 않는다.
- 명확하고 적당한 크기의 음성으로 대화에 응한다.
- 모든 내용은 메모를 꼭 하도록 한다.
- 진료가 끝난 후 상담에서는 진료내용에 대해 중요사항을 다시한번 알려드리고, 주의 사항을 말씀드리도록 한다.

## 평 가

1. 온라인 상담 전 준비 사항에 대해 설명하시오.

2. 진료 단계의 코디네이터의 자세에 대해 설명하시오.

3. 20대 고객 응대 방법에 대해 설명하시오.

4. 뽐내는 고객 응대 방법에 대해 설명하시오.

5. 병원에서 활용하는 MTP 기법에 대해 설명하시오.

## 해답 & Tip

1 온라인 상담으로 자주 들어오는 문의 및 상담 내용을 매뉴얼화 하고 각 부서의 주요 정보를 파악하여 빠르게 고객 상담에 응대 할 수 있도록 한다.

2 진료 시 고객의 불편함이 없도록 관리하며, 원활한 진료를 위해 의사의 진료행위를 돕는다.
고객의 대각선 뒤쪽, 혹은 의료진 옆에 대기하여 고객의 상태를 확인 하고 불편함이 없는지 확인한다. 진료 중 고객의 특이사항이나, 진단 및 차후 계획에 대해서 메모 하고 숙지하여 다음 단계가 원활하게 연결될 수 있도록 한다.

3 20대는 외모나 패션에 가장 민감하고 관심을 보이는 시기이다. 고객과의 대화도 이런 주제로 시작하도록 하며, 상담할 때는 고객 의견을 최대한 존중해 주고 고객의 의견이 진료나 치료에 반영된다는 것을 알 수 있게 해 주어야 한다. 20대들의 내원이 많은 병원이라면 주로 최신 패션 잡지와 최신 화장품 잡지를 비치하는 것이 좋다.

4 자랑이 심하고 거만하며 직원보다는 책임자에게만 접근하려고 하는데, 이런 고객을 다루는 유일한 방법은 마음껏 자랑하게 하는 것뿐이다. 이런 고객일수록 단순한 면이 있어서 칭찬해 주고 맞장구쳐 주는 응대를 하면 의외로 쉽게 상담할 수 있다.

5 
- M(man) 응대자 바꾸기
  담당 직원에서 책임자, 코디네이터에서 실장 또는 원장으로, 될 수 있는 대로 상급자로 응대자를 바꿔 응대하게 한다.
- T(time) 시간 바꾸기
  고객이 진정할 때까지 기다린다. 처음에는 대꾸를 하지 않고 경청만 한다. 고객에게 중간중간 보고를 한다. 고객의 요구 사항에 대해 선택할 수 있는 내용을 제시한다.
- P(place) 장소를 바꿔 준다
  조용한 독립된 공간을 확보하고, 고객을 진정시키고 음료를 제공한다. 편안한 자세로 생각할 수 있는 시간을 갖게 한다.

CHAPTER

# 03 병원 마케팅 관리

## 1. 병원 마케팅 정의

의료서비스 마케팅은 병원운영에 있어서 가장 기초적인 부분이며, 고객 중심과 고객 만족도를 위한 것으로 볼 수 있다. 의료서비스를 필요로 하는 고객들에게 병원을 이용할 수 있도록 다양한 고객 접근과 정보 전달을 한다. 높은 수준의 의료를 제공함으로써 고객에게 서비스를 제공할 뿐만 아니라 병원의 기능과 역할을 최대한으로 수행하는 것이다.

## 2. 병원 서비스 분류

최근 병원의 의료장비가 첨단화되고, 의료기술의 평준화로 이전에서 볼 수 없는 병원 선택기준이 많이 변화하였다. 직접적인 의사중심의 의료서비스에서 다양한 의료 서비스를 확인 할 수 있는데, 단계별로는 사전 서비스, 제공시점 서비스, 사후 서비스로 나눌 수 있고 행위별로는 의료 서비스와 의료외적 서비스로 나눌 수 있다. 각 서비스 단계에서 사전 서비스는 병원에 대한 사전 광고, 안내 등 고객이 병원이나 서비스 담당자에게 나타나기 전에 경험하게 되는 서비스로 서비스 품질에도 큰 영향을 미친다. 제공시점 서비스 고객이 병원에서 경험하게 되는 서비스로 전통적이며 가장 중요한 서비스이다. 사후 서비스는 병원은 서비스를 제공받은 후 만족도를 확인하고 서비스에 대한 불만사항을 해결하여 준다. 의료 서비스는 의료행위인 진찰, 처치, 수슬 등 의료행위로서 그 자체 고도의 전문적이다. 의료외적 서비스는 병원에서 제공하는 의료행위 이외의 각종 서비스로서 진료절차, 의료진이나 직원들의 친절성, 병실구조 등이며 고객이 직접 체험을 하는 서비스이다. 이러한 서비스는 상호 유기적으로 연결되어 전체적인 고객만족 서비스로 이루어진다.

## 3. 병원 마케팅 관리

의료서비스 마케팅은 병원에 대한 정보를 다양한 채널을 통해 고객들에게 적극적으로 알려 고객이 병원을 찾게 만드는 것이 목적이다. 고객이 원하는 정보와 병원이 원하는 이미지를 동시에 효과적으로 알릴 수 있도록 체계적인 마케팅 시스템이 갖추어져야 한다. 대다수의 병원들이 마케팅 비용에 많은 비용을 소비하는 것에 비해 그 효과는 미미한 경우가 많은데, 철저한 준비와 마케팅의 집중도를 높여 고객방문 및 만족도를 극대화 하는 것이 중요하다.

### 1) 병원정보 관리하기

병원 마케팅을 위해서 병원에 대한 필요한 정보별 분리, 수집, 정리가 필요하다. 병원 정보를 바탕으로 다양한 마케팅 채널에 활용 할 수 있다. 먼저 내부의 최신 정보를 파악하는 것이 필요하다. 병원에서 새로 도입한 기계에 대한 정보나 새로운 기술, 새로운 사람에 대한 정보를 파악하고 있어야 한다. 병원에서 실시한 임상 시험 자료도 병원 내부 정보로, 병원의 특수성과 전문성을 알리는 데 적합한 정보이다. 따라서 의료계 최신 정보 파악에는 의료계의 최신 정보를 수집한 내용을 바탕으로 병원의 미래 전략 및 현재의 경쟁력을 확보하기 위한 정보를 선별하여 이와 관련된 제언 및 보고서를 작성한다. 병원

홍보에 활용하거나, 병원 운영 계획에 활용한다. 또한 FAQ 관리는 고객이 주로 문의하거나, 필수적으로 전달해야 하는 내용을 정리하여 체계화 한다. 병원 이용 안내, 주요 진료 비용안내, 치료법 및 시술 방법에 대한 안내 등을 상세하게 정리하여 고객 응대에도 활용할 수 있도록 한다.

### 2) 고객 정보 관리

병원을 방문하거나, 전화 및 상담을 주었던 고객들을 포함한 모든 고객들의 기본 정보들을 정리하여 고객들의 성향을 파악하고 병원의 강 · 약점을 파악하여 병원운영에 올바른 방향성을 제시한다. 병원를 찾는 고객층의 제한점, 고객의 재방문율, 소비수준, 1회 방문 소비비용, 주 고민점, 만족도 등을 정리한다.

### 3) 온라인 채널 관리하기

온라인 채널은 시공간의 제약이 없으며 무제한적으로 정보를 공유할 수 있는 장점이 있기 때문에 고객에게 접근성이 용이하고, 고객 맞춤형 정보를 전달하는데 있어 마케팅 비용이 크게 절감되는 효과도 있다. 고객 입장에서도 접근이 보다 쉽고 간편하기 때문에 정보 습득에 용이하다. 하지만 이미 많은 병원들이 주 마케팅 경로를 온라인 채널을 활용 하기 때문에 병원만의 차별화된 강점을 알려야 한다. 병원 공식 홈페이지 혹은 어플, 블로그, 카페, SNS(페이스북, 인스타, 카카오톡), 병원소셜커머스(강남미인, 굿닥) 등 여러 병원 정보 및 홍보 계정을 개설하고 수시로 체크하여야 한다. 병원의 이미지와 강점을 잘 담으며 가시성이 좋은 디자인으로 구성하는 것이 좋으며 병원의 이미지가 강하게 남을 수 있도록 전문성을 담으면서 깔끔하고 트렌디한 감성을 담는 것이 중요하다. 고객의 문의사항이나 상담 문의가 들어온다면 지체없이 바로 답변을 남겨야 한다. 온라인 컨텐츠 구성은 시술 전 후 비교 사진, 리얼스토리, 체험단, 병원 이미지 등의 다양한 컨텐츠를 구성하여 여러 병원 계정 및 광고에 활용하여야 한다. 최신 정보를 주기적으로 업데이트 해주는 것이 중요하며, 고객들에게 반응이 좋은 컨텐츠를 주력으로 구성하고 새로운 컨텐츠를 연구하고 구성해야 한다. 바이럴 마케팅은 입소문 마케팅과 비슷한 마케팅 방법이다. 온라인 채널을 통해 카페, 블로그, SNS, 병원소셜커머스 등의 리뷰관리 및 병원 정보를 관리 하는 것이며 고객이 원하는 정보를 찾는 커뮤니티나 온라인 채널에서 고객이 원하는 정보를 제공하는 동시에 병원에 대한 홍보를 진행하는 마케팅 방법이다. 병원 계정 관리와 동일하게 수시로 체크하고 고객동향에 대해 살펴야 하며 온라인에서 생성되는 병원에 대한 고객인지 이미지 관리를 세심하게 해야한다. 검색엔진(네이버, 구글 등)을 통해 상위에 노출 될 수 있도록 관리하고, 여러 어플 및 SNS에 베너

광고를 게시한다. 온라인 뉴스 및 신문 등에 의료진 인터뷰나 병원소개 또한 활용하여 병원의 전문성을 알려야 한다. 이에 필요한 병원 이미지 및 홍보 문구는 시즌 및 트렌드에 따라 구성해야하며, 의료법에 따라 구성하여야 한다.

### 4) 오프라인 채널 관리(옥외광고, 지하철 및 버스 광고)

지역사회에서 병원을 알리기 위한 좋은 방법인 오프라인 채널은 병원 마케팅에서 정보 확산성이 낮고, 비용이 높지만 병원의 노출 빈도를 높이고 지역사회에서의 입지를 높인다. 오프라인 채널로는 병원 게시물, 옥외광고, 지하철 및 버스, 뉴스, 신문, TV 프로그램 등이 있으며, 병원 게시물은 다른 홍보 매체와 달리 이를 접하는 사람이 내원 고객으로 정해져 있다. 고객의 흥미를 이끌어 낼 수 있는 새로운 시술 및 의료기기 등에 대한 정보를 기재하는 것이 좋다. 또한 병원의 최신 내부자료를 바탕으로 구성해야 한다. 옥외광고는 흔히 보이는 병원의 입간판 및 건물 옥상 광고 등으로 오랜 시간 노출되고 있지만, 고객에게는 짧은 순간 인식되기 때문에 병원에서 고객에게 전달하고자 하는 병원에 대한 이미지를 간략하면서 임팩트 있게 전달하는 것이 중요하다. 지하철 및 버스광고는 병원이 자리하고 있는 접근 지하철역에 음성광고 또는 역 내 광고 전광판에 광고하는 경우 병원이 알리고자 하는 강점을 임팩트 있게 전달하는 것이 중요하며 고객이 이용하는 대중교통 거점 주변에 있다는 것을 알려야 하기 때문에 지하철 출구나, 병원 위치에 대한 상세한 정보를 알리는 것이 중요하다. 또한 뉴스, 신문의 인터뷰나 기사에 초점을 두어 타 병원과의 차별성과 시술에 대한 전문성을 강조한다

### 5) 고객 만족도 관리하기

고객의 재방문 및 입소문 마케팅의 연장으로 이어지는 고객 만족도는 아주 중요한 마케팅 척도이다. 고객이 느끼는 병원의 전반적인 서비스에 대한 만족도를 확인하고 병원이 제공하는 서비스가 고객 중심적이며 맞춤형으로 다양한 방면으로 이루어 졌는지 확인하여야 한다. 고객의 만족도에 따라 고객 서비스 및 마케팅에 대한 방법과 방향을 개선할 수 있다.

#### (1) 설문 조사

병원 자체 폼이나 설문조사 폼을 이용하여 설문을 실시, 고객이 다음에 재 방문하였을때에 혜택 등을 제시한다. 설문에 대한 내용이 길거나 지루하지 않도록 간결하고 핵심만 담는다.

### (2) 전화

고객의 예약 전화 혹은 진료 후 불편사항 체크를 위한 해피콜시에 앞선 진료에 대한 피드백을 얻는다. 진료 후 불편한 점이나, 개선했으면 하는 점등을 체크하고 고객의 마음을 헤아려 병원 재 방문을 유도한다. 특히 치료 중단 고객이나 재방문이 이어지지 않는 고객에게는 내원 중단에 대한 이유를 확인하는 것이 좋다. 병원에 대한 불만족 사유가 있을 수 있기 때문에 보다 정중하게 고객과의 대화에 임해야 하며, 재방문시 혜택을 제시하는 것이 중요하다.

### (3) 진료 후 상담

진료 후 상담을 하는 목적은 진료 직 후 병원 서비스에 대한 만족도와 불만사항에 대해 정확하게 파악할 수 있다. 주의 사항 및 진료 관련 서류를 다시 한번 체크하여 설명하고 가능하면 서면 자료를 전달한다. 특히 다음 진료 일정을 예약상담에 대한 신뢰도를 높이면서 귀가 후 궁금한 점을 해결 할 수 있도록 명함을 전달한다. 병원 만족도를 완성시키는 단계이기도 하기 때문에 상담에 더욱 주의해야한다.

## 4. 병원 환경 관리

고객들이 병원을 이용할 때 느끼는 위생 및 안전 등의 환경적인 부분에 대한 전반적인 병원 이미지를 긍정적으로 인식 할 수 있도록 청결하게 정리 정돈 해야한다. 병원 환경은 의료서비스 차원에서 병원 근무자들이 깨끗하고 쾌적한 공간을 유지 해야하며, 시간의 경과와 고객의 이용도에 따라 점차 노후되고 파손될 수 있는 환경을 지속적으로 유지시키고 원상복귀 시킬 수 있도록 관리해야 한다.

병원 환경은 실내 분위기, 현대적인 의료 시설, 위생 상태, 대기실의 자료 구비 정도, 편의 시설등 여러 가지 요인들로 구성되어 있다. 기본적인 환경 체크와 위생 관리는 수시로 점검해야하며, 시설의 파손이나 전문가의 도움이 필요한 경우 미루지 않고 도움을 요청하고, 고객들에게 안내해야 한다.

병원 업무 환경관리 체크리스트

| 구분 | 항목 | 확인사항 |
|---|---|---|
| 데스크 | 약속 노트 | • 오늘 예약된 고객을 구분하여 일정표에 정리한다<br>(신규 및 기존 고객, 의사별, 진료 과목별, 기타).<br>• 복사해서 주차실, 내부 게시판과 진료실에 붙여 둔다. |
| | 진료기록지 | • 어제 마감이 끝난 진료기록지를 다시 제자리로 정리한다. |
| | 컴퓨터 | • 인터넷 연결 등 작동에 이상이 없는지 확인한다. |
| | 전화<br>팩스 | • 작동 여부를 확인한다.<br>• 마른 걸레 또는 전용 도구로 청소한다.<br>• 자동 응답기의 메시지를 확인하고 급한 용건은 바로 처리한다.<br>• 팩스 메시지는 1부 복사해서 철해 두고 해당자에게 전달한다. |
| | 데스크 상단 | • 가급적이면 아무것도 올려 두지 않는다.<br>• 항상 청결하고 정돈된 모습을 유지한다. |
| 대기실 | 읽을거리 | • 오늘 신문이 도착했는지를 확인한다.<br>• 이달의 잡지가 도착했는지를 확인한다.<br>• 각 신문별로 한꺼번에 스테이플러로 고정시킨다.<br>• 표지가 뜯어지지는 않았는지 상태를 확인한다(잡지, 병원 유인물 등). |
| | 소파 | • 이물질이 묻었거나 실밥이 뜯어지지 않았는지를 확인한다. |
| | 음료대 | • 차는 최소 3~5종 정도 다양하게 준비한다.<br>• 커피는 알맞은 양을 조절하여 진료 시작 10분 전에 준비한다.<br>• 커피 머신의 청결 상태를 확인한다.<br>• 계절별로 음료를 다르게 준비한다.<br>• 냉장고에 시원한 음료를 준비해 둔다. |
| | 음악 | • 세미클래식, 유행하는 최신음악 중 잔잔한 음악을 준비한다.<br>• 하루 종일 시간대에 맞는 음악을 틀 수 있게 충분히 준비한다.<br>• 이벤트에 맞는 음악 서비스를 한다.<br>• 인터넷 음악 사이트를 통해 다양한 음악을 서비스한다. |
| | 게시판 | • 전체 내용은 1주일에 1회 점검한다.<br>• 진료 일정표는 매일 바꾸어 게시한다.<br>• 신규 고객 환영 안내문을 마련한다.<br>• 병원 내에 이벤트 게시물도 마련한다(이벤트가 있는 경우). |

출처 : NCS 학습모듈

### 병원 내부 위생관리 체크리스트

| 항목 | 확인사항 | 확인 |
|---|---|---|
| 진료실 및 처치실 | 근무 시작 전, 후 손 씻기를 하였는가? | |
| | 마스크 및 글로브 착용을 하였는가? | |
| | 진료실이나 처치실 등의 내부 청결상태는 양호한가? | |
| | 병원 내부 환기 상태를 점검 하였는가? | |
| 현관 | 복도에 휴지가 떨어져 있지 않은가? | |
| | 바닥이 먼지나 껌 등으로 얼룩져 있지 않은가? | |
| | 문은 먼지나 이물질로 인해 더럽혀져 있지 않은가? | |
| 대기실 | 소파나 방석에 먼지가 쌓여 날리지 않는가? | |
| | TV와 탁자에는 먼지가 쌓여 있지 않은가? | |
| | 정수기의 물의 양은 충분히 채워져 있는가? | |
| | 화분의 식물은 죽어 있지 않은가? | |
| | 냉장고 위에 먼지가 쌓여 있지 않은가? | |
| | 냉장고 안에 오래되어 먹지 못하는 음식이 있지는 않은가? | |
| 화장실 | 바닥에 물이 고여 있지 않은가? | |
| | 벽에 껌이나 이물질이 붙어 있지 않은가? | |
| | 변기의 청결 상태는 어떠한가? | |
| | 세면대가 청결한가? | |
| | 비누와 수건은 제대로 구비되어 있는가? | |
| | 휴지는 충분하게 준비되어 있는가? | |
| | 불쾌한 냄새가 나지 않은가? | |
| | 쓰레기통은 깨끗하게 비워져 있는가? | |
| | 거울에 얼룩이 묻어 있지는 않은가? | |
| | 문고리가 고장이 나 있지는 않은가? | |
| 기타 | 기구나 장비의 소독은 철저히 하고 있는가? | |
| | 세탁물은 청결히 관리 되고 있는가? | |
| | 의료 폐기물은 적절하게 처리되고 있는가? | |
| | 위생 및 감염예방에 대하여 직원 교육을 하였는가? | |

출처 : NCS 학습모듈

## 평 가

1. 행위별 의료서비스에 대해 설명하시오.

2. FAQ 관리에 대해 설명하시오.

3. 바이럴 마케팅에 대해 설명하시오.

4. 고객 만족도 관리의 목적에 대해 설명하시오.

## 해답 & Tip

**1** • 컴플레인 처리의 단계

의료인이 제공하는 의료행위인 진찰, 처치, 수슬 등 의료행위로서 그 자체 고도의 전문성으로 인하여 의료의 질에 대한 객관적인 평가가 거의 불가능하다.

• 의료외적 서비스

병원에서 제공하는 의료행위 이외의 각종 서비스로서 진료절차, 의료진이나 직원들의 친절성, 병실구조 등이며 고객이 직접 체험을 통해 고객 만족도에 미치는 영향이 크다.

**2** 고객이 주로 문의하거나, 필수적으로 전달해야 하는 내용을 정리하여 체계화 한다. 병원 이용 안내, 주요 진료 비용안내, 치료법 및 시술방법에 대한 안내 등을 상세하게 정리하여 고객 응대에도 활용할 수 있도록 한다.

**3** 입소문 마케팅과 비슷한 마케팅 방법이다. 온라인 채널을 통해 카페, 블로그, SNS, 병원소셜커머스 등의 리뷰관리 및 병원 정보를 관리 하는 것이며 고객이 원하는 정보를 찾는 커뮤니티나 온라인 채널에서 고객이 원하는 정보를 제공하는 동시에 병원에 대한 홍보를 진행하는 마케팅 방법이다. 병원 계정 관리와 동일하게 수시로 체크하고 고객 동향에 대해 살펴야 하며 온라인에서 생성되는 병원에 대한 고객인지 이미지 관리를 세심하게 해야한다.

**4** 고객의 재방문 및 입소문 마케팅의 연장으로 이어지는 아주 중요한 마케팅 척도이다. 고객의 만족도에 따라 고객 서비스 및 마케팅에 대한 방법과 방향을 개선할 수 있다.

CHAPTER 04

# 병원 내 이미지 메이킹

## 1. 이미지 메이킹의 정의

메디컬 코디네이터는 병원의 이미지를 대표하는 자리이므로, 자신의 이미지 관리를 철저히 할 필요성이 있다. 개인적인 이미지 관리를 잘 하더라도, 그 이미지가 병원에서 추구하는 이미지와 맞지 않다면 다시한번 자신을 점검하고 적절한 이미지 변화를 주는 것이 중요하다. 메디컬 코디네이터의 이미지는 병원을 방문하는 고객이 원하는 이미지를 갖추는 것이 중요하며, 친절하고 신뢰감이 있으며 호감이 가는 이미지를 추구하고 갖추어야 한다. 자신의 삶의 가치와 목표, 고객의 만족도 및 병원의 목표가 잘 어우러지며 잘 표현될 수 있도록 관리해야한다.

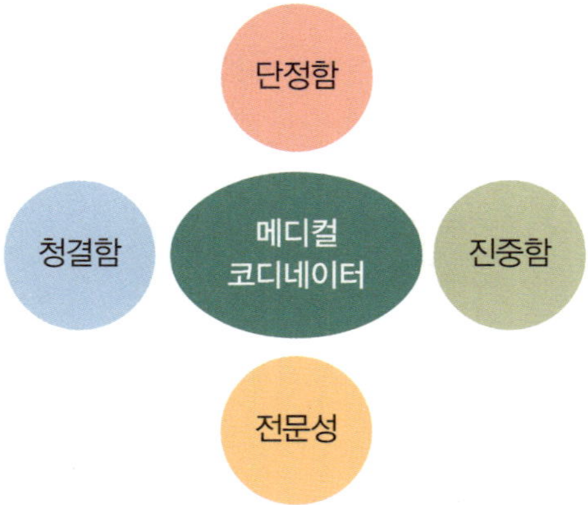

## 2. 이미지 메이킹의 개념

한 사람을 떠올릴 때 얼굴, 표정, 옷차림, 말투, 성격, 청결 등 여러 가지 평가기준 있다. 그 때 느껴지지는 느낌이나 감정이 그 사람의 이미지라고 할 수 있다. 상대방의 속마음을 파악하거나, 평가하기 어렵기 때문에, 그 사람이 보여주는 여러 가지 이미지 소스를 통해 평가하고, 인식하게 된다. 그렇기 때문에 자신이 추구하는 이미지를 어떻게 구성하고 표현하는 방식이 중요하다. 특히 의료서비스에 대한 고객의 평가는 메디컬 코디네이터가 보여주는 여러 가지 외적 평가 기준에 의해 좌우되므로, 메디컬 코디네이터는 자신의 가치를 높이고, 병원의 이미지를 효과적으로 전달하기 위해 노력해야한다.

## 3. 이미지 메이킹 관리

이미지는 외적이미지, 내적이미지, 사회적 이미지로 나뉜다. 병원의 외적이미지 는 병원의 환경요소를 들 수 있으며, 내적이미지는 병원의 올바른 이해와 비전을 수립하는 팀원들의 내적요인을 말한다. 사회적 이미지는 마케팅, 포지셔닝 여러 활동 등 다양하다. 이미지 형성에 있어서 가장 중요한 것은 첫인상이다. 3초 또는 5초에 좌우된다는 첫인상은 편안함과 친근감 그리고 신뢰감을 들 수 있다. 이러한 이미지 메이킹의 기본요소는 첫째 온화한 표정과 부드럽고 말솜씨, 예의 바른 자세 특히 상황에 맞는 표정이 이미지 메이킹에서는 가장 중요한 요소이며 호감을 주는 기본 요소라 할 수 있다. 둘째 고객의 입장에서 바라보는 시각의 이미지이다. 상대방의 인식에 따라 달라지며 자신의 이미지를 어떻게 창출하느냐에 따라 자신의 상품 가치는 달라진다. 따라서 바람직한 이미지 메이킹은 내적인 이미지와 외적인 이미지를 가꾸어 끊임없이 이미지를 창출하고 관리하며 노력해야 한다. 또한 사회적 이미지를 긍정적 이미지로 병원의 생산성을 향상 시키도록 하여야 한다.

### 1) 직원 CS교육

다수의 다양한 고객들을 상대하며 서비스를 제공하는 병원 내 직원들이 매일 일정한 서비스를 제공하는 것은 거의 불가능에 가깝다. 하지만 높은 고객 만족를 유지 하기 위해서는 차별화된 고객 서비스 기술과 고객 지향적 서비스 마인드 교육이 필요하다.

#### (1) 병원 CS 교육의 목표 및 주제 선정

병원 CS 교육을 위해 사전 모니터링이나 고객 만족도 평가에 따라 병원 내부의 CS 문제점을 파악하여 교육 주제를 선정하거나, 서비스 마인드 및 행동 예절 등 여러 가지 병원 목표 및 주제를 선정한다.

### (2) 병원 CS 교육의 대상자 파악

교육에 참여할 직원의 수, 성별, 연령대, 직급, 학력, 전공, 교육 경험 및 진료 과목의 서비스 특성 등을 고려하여 진행한다.

### (3) 병원 CS 교육장소 환경 파악

병원 CS 교육장 환경 파악 장소의 크기, 책상, 의자의 배열, 기자재의 배치, 마이크 등 교육장 시설을 파악한다.

### (4) 병원 CS 교안 작성

교안은 교육 환경 및 교육 내용에 따라 기승전결 구조에 따라 구성한다. 교육 시간에 전달하고 싶은 학습 내용과 활동을 상세한 시나리오처럼 작성하고, 강의 소요 시간이나 수업할 때 필요한 보조 자료, 질문 등의 참여 수업 방법이나 과제 등도 같이 작성한다.

### (5) 병원 CS 교육 진행 후의 피드백

강의가 끝난 후에는 교육생들의 질문 내용에 대해 답변하고, 교육 내용에 대한 직원들의 의견에 대해 듣고, 직원들끼리의 의견 교환이 활발하게 이루어 질 수 있도록 돕는다. 이 단계에서 나오는 다양한 의견과, 또 다른 교육 내용에 대한 의견을 메모하여 다음 교육에 참고하도록 한다.

## 2) 직원 관리

고객 만족도가 중요하다는 것은 아주 잘 인식하고 있지만, 그 고객 만족도를 위해 서비스 하는 직원들의 만족도 또한 중요하다는 것을 인식하지 못하는 경우가 크다. 병원 직원들이 원하는 것이 무엇인지, 어려움이 없는 지 등 직원들의 여러 상황을 살펴 주는 것이 중요하다. 직원들의 충성도가 높아지면 자연스럽게 직무 집중도 또한 높아지며 궁극적으로 추구하는 고객 만족도 상승을 위한 노력이 집중될 수 있다. 또한 작업 능숙도가 높은 직원의 유출로 인한 병원의 손실을 예방하고, 신규 직원의 원활한 충원 및 병원의 성장을 유도 할 수 있다.

### (1) 직원 유형 파악

병원 직원의 성격 유형에 맞는 적절한 직무 배치 및 업무 목표 설정등을 위하여 MBTI, DISC 등의 유형 파악 도구를 이용하여 그 결과를 바탕으로 유형별 특성에 따라 직무 배치, 동기 부여를 위한 물리적 및 정신적 지원과 커뮤니케이션이 이루어 져야 한다.

### (2) 근무 만족도 조사

병원 근무에 관한 설문을 이용하여 병원의 문제점 및 불만점을 파악한다. 지속적이고 중복되는 문제점이나 불만점은 개선할 수 있도록 한다. 만족도가 높은 부분은 더욱 더 근무 충성도 향상을 위해 향상시길 수 있는 방법을 연구한다.

### (3) 개인 면담 및 팀워크 향상

직원이 가지고 있는 개인적 및 공적인 문제에 대해 헤아려 주며 해결 할 수 있는 방안을 제시하고 고민점을 들어준다. 병원 직원들 사이의 인간관계 및 고충이 없는지 확인하고 함께 근무하는 직원들의 팀워크를 높이는 자리나 모임을 주선한다. 특히 상급자 하급자에 따른 수직적 계층이 아닌, 직무별 업무 책임에 따른 평균적인 계층을 유지하도록 노력한다.

### (4) 복리후생 개선

현재 근무하고 있는 병원에 대한 만족도를 개선하기 위해서는, 근무자의 능력 인정 및 그에 따른 적절한 보상과 복리후생이다. 근무 환경 및 조건, 병원 운영 방침 등을 직원들의 만족도를 높이기 위해 개선해야 한다. 매출 및 고객 만족도 상승에 따른 보너스나 선물, 연차에 따른 연봉 협상 및 인센티브 제도, 각종 기념일 챙기기, 병원 내 직원혜택 등 직원의 만족도 향상을 위해 다양한 방법을 추구해야 한다.

## 4. 이미지 행동예절

### 1) 용모와 복장

병원 근무자의 용모와 복장 상태는 병원의 이미지를 표현한다. 개인의 지위, 직업, 역할, 개성 등을 나타내는 외적인 부분은 자신을 나타내는 인격의 일부분이고 자신의 직업의식에 대한 적극적인 표현 방법이다. 잘 정돈된 용모와 청결하고 정갈한 복장은 고객에게 신뢰감을 주며, 일의 성과에 영향을 미친다.

#### (1) 남성의 용모와 복장

남성의 용모와 복장은 항상 머리는 청결을 유지하고, 단정히 빗어야 한다. 옆머리는 귀를 덮지 않고, 뒷머리는 와이셔츠 깃을 덮지 않도록 한다. 지나치게 유행을 따르는 머리형은 삼간다. 특히 얼굴은 매일 면도하여 수염이 길지 않도록 한다. 길게 자란 코털은 깨끗하게 정리하여 지저분하게 보이지 않도록 한다. 미소를 잃지 않고 밝은 모습으로 고객을 응대한다. 복장은 남색, 검은색 계통의 양복을 입는다. 명찰 이나 사원증은 올바른 위치에 항상 착용한다. 바지의 주름은 늘 한 줄로 세우도록 한다. 바지의 길이는 구두 위에 가볍게 닿을 정도로 유지한다. 와이셔츠는 백색 계통이 무난하며, 칼라 뒷부분은 양복 상의보다 1cm 정도 보이게 한다. 셔츠의 손목은 양복 소매로부터 1~1.5cm 정도 보이게 한다. 넥타이는 목 언저리까지 꼭 여미도록 하며 양복과 조화되는 것을 착용한다. 구두는 색상은 검은색 계열로 하며 캐주얼화는 피한다. 슬리퍼를 착용하지 않는다.

### 남성 체크리스트

| 항목 | 용모 · 복장 |
|---|---|
| 머리 | 앞머리가 눈을 가리지 않는다 |
| | 뒷머리가 눌리지 않고 정돈을 잘 한다. |
| | 헤어제품등을 이용한 스타일링을 한다. |
| | 비듬이나 냄새가 없게 관리한다. |
| 얼굴 | 수염 및 코털을 깔끔하게 관리한다. |
| | 입냄새나 담배 냄새가 나지 않도록 관리하고 양치를 한다. |
| | 눈이 충혈되지 않도록 관리하고 안경의 청결을 잘 관리한다. |
| 손 | 손톱이 지저분하고 길지 않도록 관리한다. |
| | 손이 거칠거나 지저분 하지 않도록 관리 한다. |
| 와이셔츠 | 소매 부분이나 카라 부분을 청결하게 관리한다. |
| | 카라 부분의 단추가 느슨하지 않도록 체크한다. |
| | 색상과 무늬가 화려하거나 눈에 띄지 않도록 한다. |
| | 구김이 없고 다림질 상태가 잘 되어 있도록 한다. |
| | 러닝셔츠를 안에 챙겨 입는다. |
| 넥타이 | 비뚤어지지 않고 단정하게 착용한다. |
| | 때, 얼룩, 구김이 없도록 깔끔하게 관리한다. |
| | 착용한 복장과 어울리는지 확인한다. |
| | 넥타이의 길이가 적당한지, 타이핀의 위치가 적당한지 확인한다. |
| 상의 | 상의 소매의 길이나 셔츠 깃의 높이가 적당한지 확인한다. |
| | 주머니가 불룩하게 튀어나오지 않도록 물건을 많이 넣지 않는다. |
| 하의 | 길이가 적당한지 확인한다. |
| | 무릎이 나오지 않고 주름 없이 다림질 상태가 잘 되어 있도록 한다. |
| 벨트 | 색이나 질감이 적당한지 확인한다. |
| 양말 | 화려한 색상이나 무늬, 혹은 스포츠 양말이 아닌 양말을 착용한다. |
| 구두 | 구두의 굽이 닳아있거나 지저분 하지 않도록 관리한다. |
| | 구두의 상태가 지저분하거나 망가지지 않도록 관리한다. |
| | 색상이나 형태가 업무용 구두로 적당한지 확인한다. |
| 가방 및 지갑 | 형태가 망가지지 않고 깔끔한 상태인지 체크한다. |

### (2) 여성의 용모와 복장

여성의 용모와 복장은 먼저 머리는 항상 단정하고 깨끗함을 유지한다. 지나친 파마, 요란한 머리 모양, 화려한 컬러염색은 피한다. 앞머리나 옆머리가 흘러내리지 않게 하고, 특히 눈을 가리지 않도록 한다. 화려한 머리장식은 피한다. 특히 화장은 엷게 하고 청결한 느낌을 주도록 한다. 립스틱은 튀지 않는 색상을 선택한다. 귀걸이는 가급적 피한다. 눈 화장은 자연스럽게 한다. 복장은 블라우스 속이 들여다보이지 않도록 신경을 쓴다. 스타킹은 원색이나 무늬가 요란한 것은 피하며 피부색에 가까운 색을 착용한다. 구두는 샌들, 군화, 굽 없는 단화를 제외한 흑색의 굽은 높지 않는 것으로 신기에 편한 것을 신는다. 또한 슬리퍼는 착용하지 않고 명찰은 바르게 한다.

### 여성 체크리스트

| 항목 | 용모 · 복장 |
|---|---|
| 머리 | 청결하고 깔끔하게 손질한다. |
| 머리 | 업무에 방해가 되지 않는 헤어 스타일을 선택한다. |
| 머리 | 앞머리가 눈을 가리지 않도록 한다. |
| 머리 | 근무복장에 어울리는 헤어 스타일을 선택한다. |
| 머리 | 헤어 액서서리가 눈에 띄지 않고 어울러지는 것을 선택한다. |
| 화장 | 청결하고 건강한 느낌을 주는 메이크업을 한다. |
| 화장 | 피부처리 및 화장부분이 번지거나 흐트러지지 않도록 체크한다. |
| 화장 | 눈화장이나 입술화장의 컬러가 너무 화려하거나 어둡지 않도록 한다. |
| 손 | 손톱이 지저분하고 길지 않도록 관리한다. |
| 손 | 손이 거칠거나 지저분 하지 않도록 관리 한다. |
| 복장 | 구겨짐이나 청결함을 체크한다 |
| 복장 | 스커트나 슬랙스의 올 풀림이나 단 처리가 깔끔한지 체크한다. |
| 복장 | 어께나 복장에 비듬이나 머리카락, 오염이 없는지 확인한다. |
| 복장 | 근무복으로서 지나친 유행을 따르거나, 화려하지 않는지 체크한다. |
| 복장 | 러닝셔츠를 안에 챙겨 입는다. |
| 스타킹 | 색상이 화려하거나 무늬가 있는 스타킹은 선택하지 않는다. |
| 스타킹 | 예비 스타킹을 항시 구비한다. |
| 구두 | 구두의 굽이 닳아있거나 지저분 하지 않도록 관리한다. |
| 구두 | 구두의 상태가 지저분하거나 망가지지 않도록 관리한다. |
| 구두 | 색상이나 형태가 업무용 구두로 적당한지 확인한다. |
| 가방 및 지갑 | 형태가 망가지지 않고 깔끔한 상태인지 체크한다. |
| 액세서리 | 근무에 방해가 되지 않는 악세사리를 착용한다. 너무 화려하거나 근무복에 어울리지 않는 악세사리는 착용하지 않는다. |
| 향수 | 너무 진하게 뿌리거나 거부감을 주는 향을 선택하지 않는다. |

## 2) 인사

인사는 자신의 마음을 열어 상대방에게 먼저 다가가는 표현 방법이다. 인사에 대한 근본적 의미는, 상대방에게 불안감을 없애 주는 것이고, 상대방에 대해 호의를 가지고 있다는 것을 보여 주는 것이다. 또한 자신의 인격과 품위를 나타내는 것이다. 올바른 인사는 상대방과 눈 맞춤을 하며 상황에 맞는 인사말과 밝은 미소를 곁들여 바른 자세로 행해야만 한다.

### (1) 일반적인 인사의 방법

- 상대를 향해 선다.
- 상체를 굽힌다.
- 잠시 멈춘다.
- 천천히 든다.
- 똑바로 선다.

### (2) 상황에 맞는 인사의 방법

**① 15도 인사** 가벼운 인사

계단이나 엘리베이터와 같은 좁은 장소, 화장실, 식당, 전화 통화 중, 직장 내 동료들 사이, 한 번 만난 사람을 또 만났을 경우

**② 30도 인사** 보통의 인사

일반적인 인사 혹은 환자를 환영 할 때 혹은 감사의 표현을 전달할때

**③ 45도 인사** 정중한 인사

진심으로 정중하게 사과할 때, 예의를 갖춰 감사를 표현할 때, 사과할 때, 배웅할 때

### 3) 대화

대화를 할 때, 상대방과 눈맞춤을 해주는 것이 좋으며 얼굴 표정은 밝고 온화한 표정을 유지하는 것이 좋다. 대화에서 몸의 방향은 항상 상대방을 향하도록 한다. 적당한 목소리로 말하며 설득, 꾸중, 동료 간의 작은 충돌 상황일수록 작은 목소리로 말한다. 적당한 속도로 정보, 시간, 검사, 이름, 날짜, 절차에 관해 천천히 그리고 또박또박 정확하게 말한다. 여유 있는 목소리로 끝까지 분명하게 설명하며 완전한 문장으로 전달하는 것이 좋다.

#### (1) 고객에게 말을 걸 때

밝은 표정과 함께 정확한 발음, 맑은 목소리로 적당한 속도를 유지하며 말한다. 언어는 문어체가 아닌 자연스러운 구어체 표현으로 하며, 어휘는 고객의 기준에서 알아듣기 쉬운 것을 사용하며 고객에게 설명할때에는 일반 · 기초적 정보인 경우에도 생략하지 않고 꼭 고객에게 전달해야한다. 고객의 관심과 흥미에 초점을 맞추고, 모르는 것은 정중하게 물어보도록 한다. 고객와의 대화에서는 한 번 말하고 두 번 이상 들어주고 세 번 이상 맞장구치는 1, 2, 3 화법으로 하는 것이 가장 중요하다.

#### (2) 고객의 말을 들을 때

침묵을 지키고 귀를 기울여 주며 고객의 속마음까지 이해하려는 경청의 자세를 취한다. 고객의 말을 도중에 중단시키면 안 된다. 고객의 말에 가벼운 반응을 보여 줘야 하며, 가끔씩 환자가 한 말을 반복해 주는 것도 좋다. 고객의 말에 성급한 판단이나 조언은 하지 않으며, 대화 도중에 부득이 전화를 받을 때에는 양해를 구하도록 한다. 특히 모니터를 이용할 때에는 수시로 고객과 시선을 마주치도록 한다.

#### (3) 고객과의 가벼운 대화 small talk

고객과 만났을 때, 대화 주제가 쉽게 떠오르지 않으면 고객에 성향과 상황에 따라 그에 알맞은 내용을 골라 대화를 이끌어 가는 것도 한 가지 방법이다.

### 4) 통화

전화 통화를 할 때, 단어의 사용과 말의 높고 낮음을 좌우하는 어조가 상대방의 모든 이미지를 결정하게 되는데, 그중 어조가 86%를 차지할 정도이므로 신뢰감 있는 응대를 하기 위해서는 밝고 경쾌한 목소리로 환자를 응대하는 것이 중요하다.

#### (1) 전화 응대의 3원칙

- 신속 전화벨이 울리면 신속히 전화를 받는다.
- 정확한 어조와 음성으로 통화자의 신원을 알리고, 상대를 빨리 파악해야 하며 용무를 정확히 전달하고 정확히 전달받는다.
- 상대의 신원에 관계없이 정중히 전화를 받고, 잘못 걸려 온 전화라도 고객을 응대할 때와 같은 어조와 음성으로 받는다.

#### (2) 전화 상담의 기본 자세

- 밝은 목소리로 상냥하게 병원의 상호가 정확히 전달되도록 받는다.
- 전화벨이 울릴 때, 왼손으로 수화기를 들고 오른손은 메모할 준비를 한다.
- 먼저 인사하고, 응대자의 소속과 이름을밝힌다.
- 상대방의 말을 충분히 경청하면서 응대하되, 통화가 길어지거나 다른 확인이 필요한 경우에는 환자의 연락처를 메모하여 잠시 후에 다시 전화를 걸어 응대할 수 있도록 융통성을 발휘한다.
- 용건이 마무리되면 중요한 통화 내용을 요약하여 복창한다. 특히 예약 일정과 병원 위치를 다시금 확인하여 설명해 준다.

### 5) 악수 예절

악수는 서양의 인사방법 중 하나로 허리를 숙여 인사하는 우리의 인사방법과 달리 방식의 차이가 있다. 밝은 표정과 허리를 곧게 편 자세로 임하며, 윗사람이나 존경하는 분에게는 약간의 고개를 숙이며 예를 표해야 한다.

- 악수는 윗사람이 먼저 청하는 것으로, 지위가 낮은 사람이나 나이가 적은 사람이 손을 먼저 내밀면 실례가 된다.

- 남녀 간의 악수도 위아래의 구별이 있을 때에는 상급자가 먼저 청해야 한다.
- 동등한 입장에서는 여자가 남자에게 악수를 청하는 것이 예의이다.
- 악수할 때는 밝고 부드러운 표정으로 상대의 눈을 보고 한다.
- 자신의 소속과 이름을 말하면서 손을 내민다.
- 행사를 위해 장갑을 끼었을 때는 장갑을 낀 채로 해도 된다.
- 계속 손을 잡고 이야기를 해서는 안 되고, 인사가 끝나면 손을 놓는다.
- 악수를 하면서 왼손으로 상대의 손등을 덮어 쥐면 실례이다. 그러나 상급자가 아랫사람에게 그렇게 하는 것은 깊은 정의 표시로 양해된다.
- 적당한 힘을 주어야 하며, 너무 꽉쥐면 상대방에게 불쾌감을 줄 수 있으며 반대로 너무 느슨하게 쥐면 자신감이 없어보이거나 신뢰감이 떨어진다.

### 6) 명함 교환 예절

명함은 자신에 대한 정보를 알리는 기본적인 수단이다. 자신의 얼굴과도 같은 것이기 때문에 항상 깨끗하게 관리해야 하며, 상대방의 명함도 소중히 다뤄야 한다. 첫 만남에서는 첫인상이 중요하지만 만남 후의 인상을 남기는 것은 명함이기 때문에 올바른 명함 교환 예절을 갖추어야 한다.

- 명함을 주고받을 때는 반드시 자리에서 일어난 후 주고 받는다.
- 명함 건넬 때는 소속과 이름을 말하면서 전달한다.
- 명함은 아랫사람이 윗사람에게 먼저 건네는 것이며, 보통 자신을 먼저 소개하는 사람이 건내는 것이 우선이다.
- 명함을 두 손으로 명함의 위쪽을 잡고 정중하게 건넨다.
- 명함을 받은 사람은 두 손으로 명함의 아래쪽을 잡아서 받는다.
- 한쪽 손으로는 자기의 명함을 주면서 한쪽 손으로는 상대의 명함을 받는 동시 교환은 부득이한 경우가 아니면 실례이다.
- 상대방에서 받은 명함은 공손히 받쳐 들고 내용을 확인 한 후 인지하도록 한다.
- 상대방으로부터 받은 명함을 접거나 구겨 가며 대화를 나누거나 상대방이 보는 앞에서 명함에 낙서나 메모를 하면 안 된다.
- 명함을 받고 나서 곧바로 셔츠의 윗주머니에 꼽거나 지갑에 넣으면 안 된다.
- 한자로 된 명함을 받고 글자를 모르는 경우는 물어봐도 결례가 되지 않는다.

### 7) 메일 작성 예절

우편이나 편지를 통하여 서면내용이나 서류를 전달하던 과거와 달리, 현재는 빠르고 정확한 메일을 주로 이용한다. 시간과 장소에 크게 구애받지 않으며 빠른 피드백을 받을 수 있는 메일은 담고자 하는 내용과 그 목적에 따라 작성하여 메일을 받는 상대방이 전달하고자 하는 내용을 명확하게 이해하고 오해가 생기지 않도록 주의해야 한다.

- 보내기 전에 메일 주소를 정확히 확인한 후 보낸다.
- 여러 명에게 보낼 경우, 수신자의 주소를 입력할 때 참조, 숨은 참조등이 있으므로, 상황에 맞게 적절히 입력하여 보낸다.
- 제목은 반드시 써야 하며, 제목만 보더라도 내용을 파악할 수 있도록 쓴다.
- 스팸 메일로 오해받을 수 있는 제목은 쓰지 않는다.
- 메일의 내용은 가능하면 짧게 핵심만을 쓰고, 주요 내용 및 자료는 첨부한다.
- 상대방이 읽기 쉽도록 단락별로 한 줄씩 띄어 쓴다.
- 메일에 밑줄, 글자 크기, 색깔 등의 시각적 효과를 주어 한눈에 중요한 부분을 알게 하는 것도 좋다.
- 메일의 용량은 최소화하여 보낸다,
- 직접 대면을 하고 말하는 것이 아닌 글로 보내는 경우는 오해의 소지가 있으므로, 상대가 오해 없이 쉽게 이해할 수 있는 표현을 쓴다.
- 철자가 틀리지 않았는지, 예의 바르고 정중한 표현을 썼는지 잘 확인하여 보낸다.
- 중요한 문서나 기밀 등의 내용은 이메일로 보내지 않도록 한다.
- 업무상 보내는 이메일에는 편지함의 이름만 보아도 누구인지 명확히 알 수 있도록 실명으로 하여 보낸다.
- 메일을 받았으면 빠른 시간 내에 확인 후 답신을 보내도록 한다.
- 답 메일을 즉시 보낼 수 없는 상황이라면 언제쯤 요구 사항에 대한 답 메일을 보낼 수 있는지에 대해 알려 주는 메일을 보내야 한다.
- 편지함을 자주 확인하고 불필요한 것은 삭제하여 중요한 메일이 도착하지 못하는 일이 없도록 편지함의 용량을 충분하 해 놓아야 한다.
  - 상대가 보낸 내용을 다시 보아야 할 경우가 아니라면 회신으로 보내는 것보다 새롭게 편지쓰기로 하여 보내는 것이 좋다.

### 8) 고객 응대 행동요령

병원을 대표하여 고객을 응대하기 때문에 정확하고 차분하게 행동해야하며, 고객의 스타일에 따라 응대하는 것도 중요하지만 기본적인 응대 예절을 지켜가며 응대하여 병원의 서비스 표준을 지키는 것이 중요하다.

#### (1) 기본자세

- 행선지를 말해 준다.
- 고객의 왼쪽 또는 오른쪽에서 두세 걸음 앞서는 사선 보행이 원칙이다.
- 고객를 안전한 쪽, 복잡하지 않은 쪽에 모시는 것을 우선으로 한다.
- 고객의 입장이 되어 고객이 궁금하지 않도록 안내하는 곳을 미리 알려 준다
- 앞만 보고 가지 말고, 5~6보 걸을 때마다 한 번씩 고객에게 시선을 주고 걸음을 유지한다.
- 정중히 인사하고, 고객이 시선을 옮긴 후에 이동한다.
- 도착한 경우, 목적지를 다시 한 번 말해 준다.

#### (2) 방향 제시

- 손가락을 모으고 손바닥 전체를 펴서 방향을 가리킨다.
- 손등이 보이거나 손목이 굽지 않도록 한다.
- 팔꿈치의 각도로 거리감을 나타낸다.
- 시선의 방향은 상대의 눈 → 가리키는 방향 → 상대의 눈 순으로 향한다.
- 오른쪽을 가리킬 때에는 오른손을 사용하고, 왼쪽은 왼손을 사용하여 안내한다.
- 안내할 때의 행동은 너무 느리거나 빠르지 않게 주의하여 행동한다.

#### (3) 문 열고 닫기

- 여닫이문의 경우, 손잡이의 안쪽 문에서 약간 떨어진 곳에 옆으로 서서 손잡이를 틀거나 밀어서 소리가 나지 않게 열고 닫는다.
- 미닫이문을 여닫을 때는 문이 밀리는 방향에 선다.
- 수동식 회전문은 고객보다 먼저 들어가서 밀어 주도록 한다. 자동 개폐기 문은 뒤에 오는 사람이 다치지 않도록 문을 잡고 있어야 한다.

- 고객을 먼저 들어가게 하거나, 안내자가 먼저 들어가는 경우 "제가 먼저 들어가겠습니다."라고 말한다.
- 문을 잡고 고객를 안으로 안내하고"이쪽으로 앉으시면 됩니다."라고 말한다.
- 고객이 들어오면 조용히 문을 닫는다.

### (4) 계단 안내

- 계단을 오르거나 내려가기 전에 고객이 당황하지 않도록 층수를 안내한다.
- 계단을 올라갈 때는 뒤에서, 내려갈 때는 앞에서 걸어가며 고객보다 높은 위치가 되지 않게 한다.
- 계단을 내려올 때에는 치마를 입은 여성이 앞서 걷는 것이 원칙이다.

### (5) 엘리베이터 안내

- 엘리베이터를 탈 때에는 밖에서 열림 버튼을 누르고 고객이 먼저 타도록 하며 내릴 때에도 고객이 먼저 내릴 수 있도록 열림 버튼을 눌러 준다.
- 엘리베이터의 상석은 버튼조작부근의 대각선 안쪽이다.
- 대개 여러 명이 엘리베이터에 탔을 때, 버튼조작부근에 있는 사람이 열림 버튼을 눌러 다른 사람들을 모두 내리게 한 후에 마지막으로 내린다.
  - 엘리베이터를 사용할 때에는 항상 노약자 및 여성이 먼저 타고 내릴 수 있도록 배려한다.

### (6) 차 및 음료 서비스

- 몸가짐은 단정하고 청결하게 한다.
- 찻잔, 쟁반 등의 청결 상태를 확인한다.
- 내용물을 적당한 온도와 적당한 농도로 준비한다.
- 환자나 고객의 취향에 맞는 차를 준비한다.

### (7) 차 서비스

- 고객들의 주차 여부를 확인한다.
- 공간 내의 주차 정보를 알려 주고 안내한다.
- 주차장에서 발급한 주차권에 스탬프를 찍어 준다.
- 주차 비용이 발생할 경우 환자나 보호자가 이해할 수 있게 설명한다.

## 평 가

1. 메디컬 코디네이터가 추구하는 이미지에는 무엇이 있는지 설명하시오.

2. 이미지의 개념에 대해 설명하시오.

3. 병원 CS 교안 작성법에 대해 설명하시오.

4. 직원 관리 중요성에 대해 설명하시오.

5. 인사에 대한 근본적인 의미를 설명하시오.

6. 전화 응대의 3원칙에 대해 설명하시오.

## 해답 & Tip

1 단정함, 청결함, 진중함, 전문성

2 한 사람을 떠올릴 때 얼굴, 표정, 옷차림, 말투, 성격, 청결정도 등 여러 가지 평가 기준과 느낌이 있다. 이렇게 어떠한 사람을 생각할 때 느낌이나 감정이 그 사람의 이미지이다.

3 교안은 교육 환경 및 교육 내용에 따라 기승전결 구조에 따라 구성한다. 교육 시간에 전달하고 싶은 학습 내용과 활동을 상세한 시나리오처럼 작성하고, 강의 소요 시간이나 수업할 때 필요한 보조 자료, 질문 등의 참여 수업 방법이나 과제 등도 같이 작성한다.

4 직원들의 충성도가 높아지면 자연스럽게 직무 집중도 또한 높아지며 궁극적으로 추구하는 고객 만족도 상승을 위한 노력이 집중될 수 있다. 또한 작업 능숙도가 높은 직원의 유출로 인한 병원의 손실을 예방하고, 신규 직원의 원활한 충원 및 병원의 성장을 유도 할 수 있다.

5 첫 번째 상대방에게 불안감을 없애 주는 것, 두 번째 상대방에 대해 호의를 가지고 있다는 것을 보여 주는 것. 세 번째 자신의 인격과 품위를 나타내는 것.

6 첫 번째 신속 전화벨이 울리면 신속히 전화를 받는다. 두 번째 정확 정확한 어조와 음성으로 통화자의 신원을 알리고, 상대를 빨리 파악해야 하며 용무를 정확히 전달하고 정확히 전달받는다. 세 번째 상대의 신원에 관계없이 정중히 전화를 받고, 잘못 걸려 온 전화라도 고객을 응대할 때와 같은 어조와 음성으로 받는다.

## 참고문헌


강세일. 2010. 탈모 방지 및 발모와 육모에 관한 특허 동향 연구 서경대학교 미용예술대학원 석사학위 논문, P7

국가직무능력표준(NCS) 병원안내. https://www.ncs.go.kr/.

김성래 2005.노인 비만과 영양.대한임상노인의학회 6(3)363-368

김기연, 김상현 외 2013. 메디컬 에스테틱. 현문사

김기훈 외. NCS 병원안내 기반 메디컬 코디네이터. 계축문화사. 2019

김영주 외. 미용인을 위한 메디컬 코디네이터. 메디시언. 2020

김정숙. 2019슬관절염 비만노인을 위한신체활동증진 프로그램개발 및 효과, 아주대학교 대학원 박사 학위논문, P9

박종선 외. 메디컬 코디네이터. 에듀팩토리. 2019

소문기. 송윤경, 임형호 2006.노인비만의 임상적 의의에 대한 고찰 – 2002년 이후 국내 및 국외 논문을 중심으로 분석 – 대한한방비만학회지6(2).51-58

손소희. 최에스더.(2021) 메디컬스킨케어 종사자의 직무 및 교육만족도가 직무적응성에 미치는 영향, 한국미용학회지. 27(5) PP.1-10

송민경. 2008. 소아비만 학부모의 비만에 대한 인식과 관심정도에 관한 연구. 인제대학교 학위논무 P.4~5

유수정. 2004. 우리나라 성인비만 관련요인 분석– 사회, 경제, 행동적 요인을 중심으로 – 연세대학교 보건대학원 학위논문.

이명원. 2015. PPARG, PPARD, ADRB2, ADRB3, UCP1, UCP2,UCP3, SDC3, FABP2 유전자 다형성과 한국소아비만 및 대사성증후군 질환 요인과의 관련성. 고려대학교 학위논문, P 5~8

이화정. 2006.경락마사지가 셀룰라이트에 미치는 영향. 성신여자대학교 석사학위논문, P 5~6